自然第一课

看见生命

〔英〕卡米拉·德·拉·贝杜瓦耶 著
〔英〕简·纽兰 绘
王蒙 冉浩 译

未小读
UnRead Kids

浙江教育出版社·杭州

目录

植物

虫类

寻找瓢虫

你能找到隐藏在本书中的瓢虫吗？
除了其中的一个场景，剩下的每个场景里都有一只瓢虫。

读完本书把它们都找出来吧。

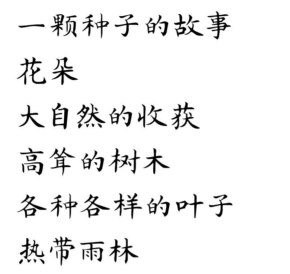

鸟类

动物

植物

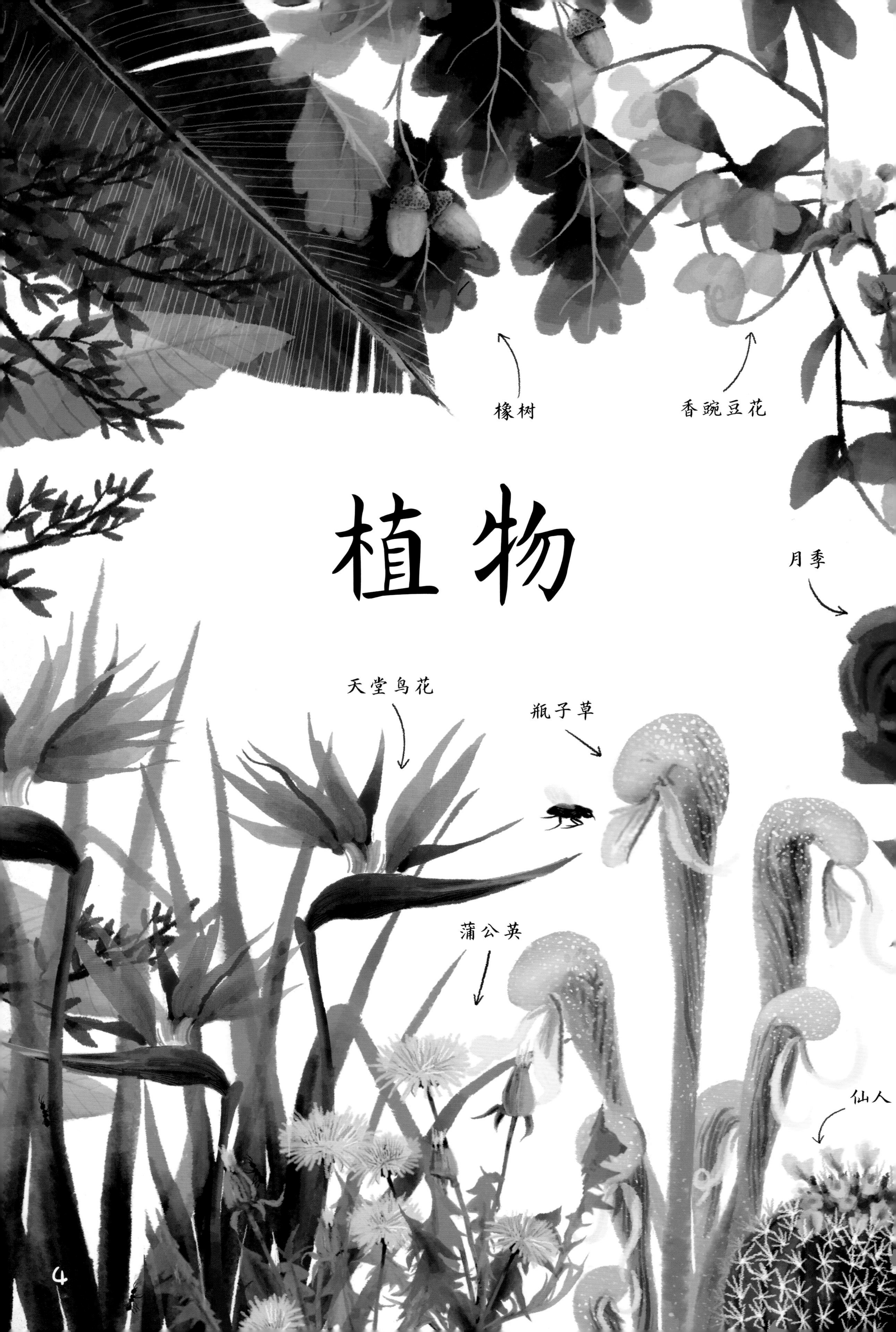
橡树
香豌豆花
月季
天堂鸟花
瓶子草
蒲公英
仙人

欧洲赤松
苹果花
藤
向日葵
红杉
蕨类
兰花
雏菊

一颗种子的故事

种子里有新的生命，在温度、空气和水的作用下，最终可以成长为新的植株。下面是一颗小种子长成一棵蚕豆植株的过程。

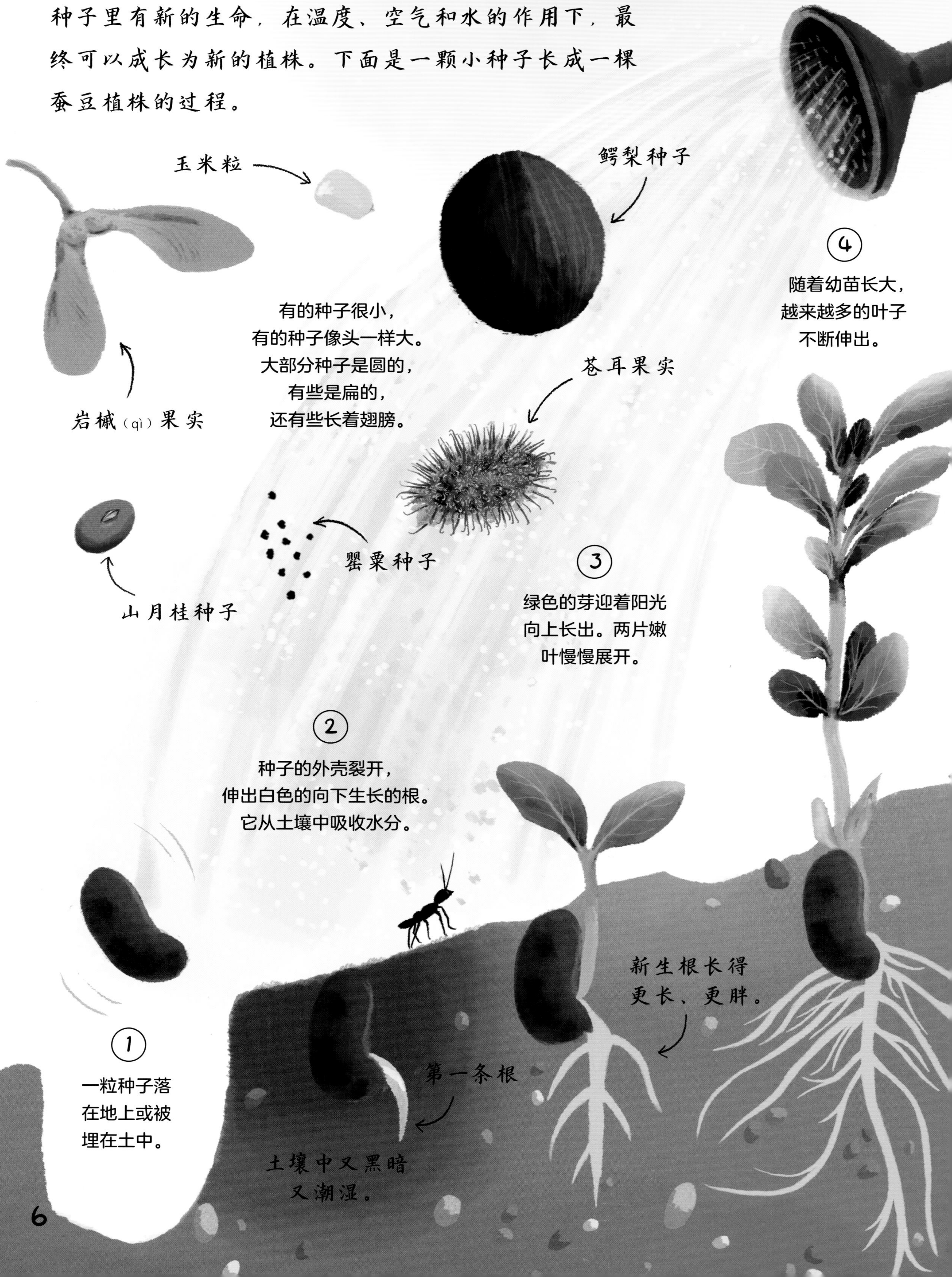
植物生长
需要阳光。
玉米粒
鳄梨种子
有的种子很小，
有的种子像头一样大。
大部分种子是圆的，
有些是扁的，
还有些长着翅膀。
岩槭（qì）果实
苍耳果实
罂粟种子
山月桂种子
第一条根
土壤中又黑暗
又潮湿。
新生根长得
更长、更胖。

① 一粒种子落在地上或被埋在土中。

② 种子的外壳裂开，伸出白色的向下生长的根。它从土壤中吸收水分。

③ 绿色的芽迎着阳光向上长出。两片嫩叶慢慢展开。

④ 随着幼苗长大，越来越多的叶子不断伸出。

蚕豆的植株

生长中的
植物需要
充足的水。

⑤

花蕾出现，
绽放出色彩艳丽
的花瓣。

紫色的花

饥饿的蜗牛吃着
幼苗上甜美多汁
的叶子。

植物的根仍在
继续生长，
以把幼苗固定在
土壤中。

花朵

这棵金色的向日葵花盘向着太阳。它正在熊蜂的帮助下完成一项重要的工作。向日葵的花朵能结出葵花籽。

1
向日葵的香味和黄色花瓣
能吸引熊蜂。
向日葵顶上的花盘
是由许多小花组成的。
2
熊蜂在花里一边吮吸着花蜜，
一边刷着一种叫“花粉”的
黄色粉末。
3
熊蜂从一朵花飞到另一朵花上，
寻找和吮吸花蜜。
大多数植物会开出花朵，
很多花朵又大又艳丽，
还带有甜美的香味。
月季
洋水仙
雏菊

⑤

授粉后，向日葵开始变化。花盘中间的每朵小花都结出一粒葵花籽。

④

当熊蜂停落在另一朵花上时，它身上的一些花粉会掉落在花上，这个过程就叫“授粉”。

红额金翅雀栖息在花盘上吃着美味的葵花籽。
毛地黄
熊蜂毛茸茸的身体上沾满了花粉。
百合花
西番莲

大自然的收获

水果和蔬菜有着各种形状、大小和颜色。一些蔬菜长在土里，但是大部分水果都高挂在树上。它们养活了很多动物，包括我们人类。

这个豆荚刚好爆开。

蔬菜可以是植物的任何可食用部分，从长着叶子的绿色枝条到饱满的根茎，都可以作为蔬菜食用。

豌豆和大豆的种子都长在豆荚里。当豆荚爆开时，它们就四处飞散，在新的地方生长。

胡萝卜、土豆、生菜、山药和甜菜是一些常见的长在土里或地面上的蔬菜。

萝卜
甜菜根
生菜
胡萝卜
长有粗壮的
橙色根。
土豆
这些蔬菜都长好了，
等着被挖出来呢！

橙子、柠檬、酸橙和葡萄柚都属于柑橘类水果。它们有着肥厚的果皮和富含维生素 C 的多汁果肉。

果实是包裹着种子的植物器官。在夏日炎热的阳光下，果实逐渐成熟，变得越来越甜。

香蕉和菠萝这类热带水果生长在炎热的地方，那里常年阳光强烈，雨水充足。

浆果是一种含有种子的肉质单果。西红柿里有很多种子，但是蔓越橘里却只有四粒。

柠檬
香蕉成串生长。
葡萄是一种浆果。
南瓜是一种扁圆形的可作蔬菜食用的植物果实。
红毛丹
火龙果
菠萝
注意！
有些水果和蔬菜在吃之前必须做熟。不要乱吃植物，除非有大人告诉你它可以吃。

高耸的树木

树木长得高大结实，把树叶伸向空中以接受更多的阳光。它们遍布全球，除了极度寒冷和炎热的地方。

夏季结束时，橡树等阔叶树就开始落叶。到了春季，它们会再次迸发生机。

落叶松是针叶树，但是它的松针会在秋季变色并最终脱落。

高大细长的针叶树，比如欧洲赤松，生长在寒冷的地区。它们的针状叶常年不落，种子长在塔状松果中。

一圈年轮代表一年的树龄。你能数出这棵树的年龄吗？

黎巴嫩雪松树干矮壮，侧枝宽广。
它们可以在陡峭的山坡上生长数百年。

黎巴嫩雪松

猴面包树

高高的猴面包树又叫“倒立的树”。
在雨季，它那肥胖的树干可以
储存水分。

针叶树是常绿植物。

椰子树

杧果树

椰子树巨大分叉的叶子
在树干顶端展开。
树蕨就像小号的椰子树。

树蕨

杧果（俗称芒果）

果树的树枝
可能会弯曲下垂，
但它们足够支撑
数百枚饱满的果实。

各种各样的叶子

叶子是植物制造养料的器官。从刺状的仙人掌叶到巨大的扇形叶，叶子一直在努力工作。

针形叶

大多数叶子都是又宽又扁的，便于接受更多的光照。它们有各种不同的形状，大体上包含五种类型。

许多动物以叶子为食。聪明的猩猩利用叶子筑巢和舀水喝。

巨大的叶子被猩猩当作雨伞。
圆筒仙人掌

卵形叶
条形叶
掌形叶
复叶（一个叶柄上有许多片小叶）

植物制造养料的特殊过程叫“光合作用”。

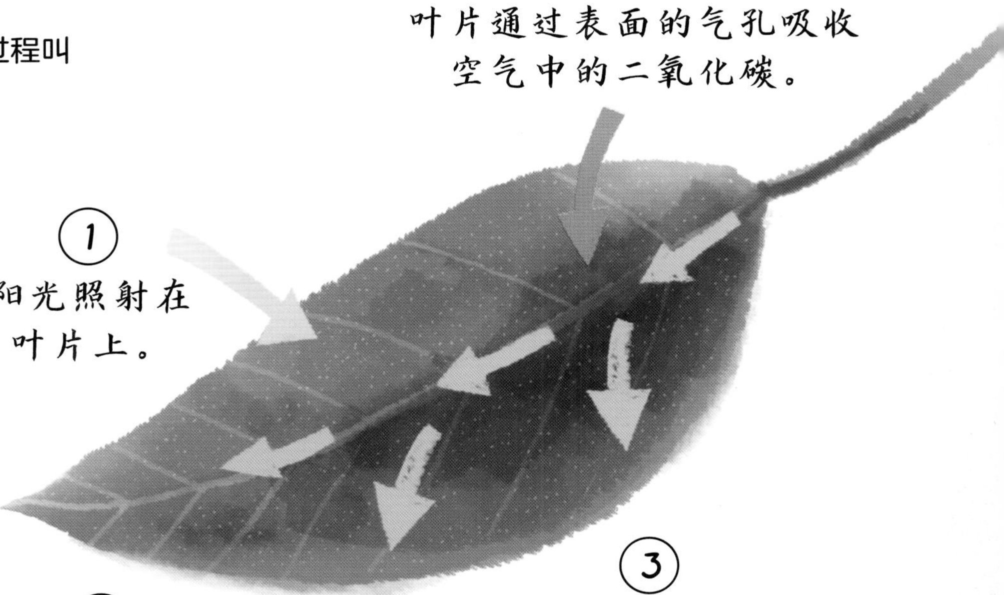
①阳光照射在叶片上。
②叶片通过表面的气孔吸收空气中的二氧化碳。
③土壤中的水分被根吸收，然后通过茎向上运输，到达叶片。
④叶片利用二氧化碳和水，将阳光中的能量储存起来，变成养料。

带刺的仙人掌
生石花肥厚扁平的叶子看起来像鹅卵石一样。

仙人掌生长在炎热的沙漠地区。它们的茎肥厚多汁，叶子却像针一样。这些刺状的叶子可以防止动物的啃食！

野兔吃着多汁的草茎。

热带雨林

热带雨林里长满了茂盛的大叶植物和高大的树木。那里几乎每天都在下雨，却始终炎热。一些植物喜欢温暖潮湿的气候，所以那里是它们理想的生长地区。

树干上部的树枝上长着厚厚的树叶，从而形成树冠层。
泰坦魔芋和一些大王花生长在森林的地面上，开着巨大的却臭烘烘的花。它们难闻的气味能够吸引苍蝇等昆虫。
长长的藤条挂在树枝上摇荡。
在树冠层下，棕榈类植物、蕨类植物、灌木和小树在争抢阳光。
泰坦魔芋的花比人还要高。
大王花的花朵直径能达到一米。

从老虎和树懒，到蚂蚁和小蜂鸟，
各种动物都在热带雨林中安家。

最高的树木
从树冠层里伸出。
一只蜂鸟悬停在空中，
从花朵中吸食香甜的
花蜜。
金嘴蝎尾蕉
兰花
蘑菇

有些花完全不需要土壤也能生长。
比如这种兰花，
它们生长在高高的树枝上。
它们的根暴露在潮湿的空气中。

五颜六色的蘑菇生长在
阴暗潮湿的地面上。

虫类

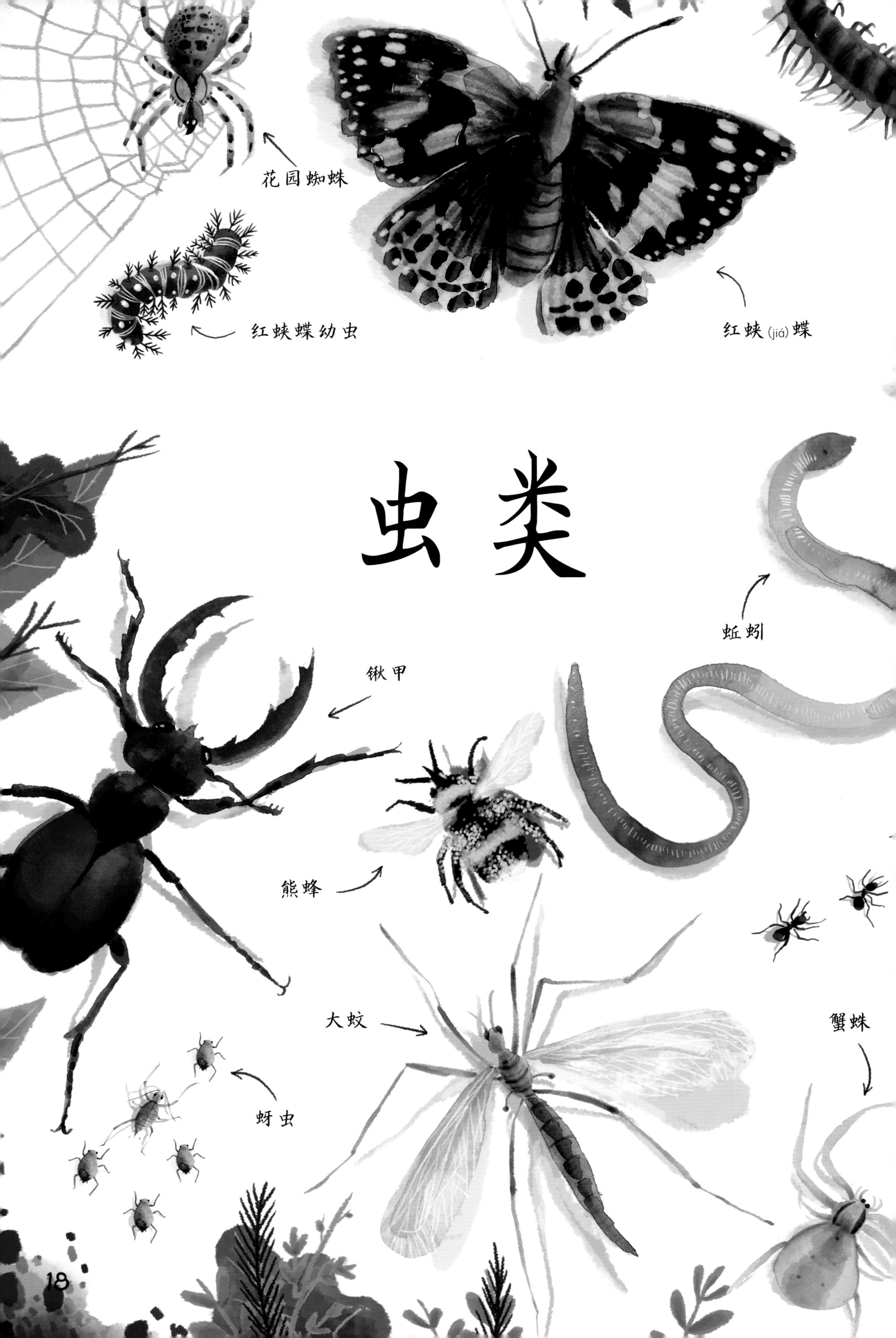
花园蜘蛛
红蛱蝶幼虫
红蛱(jiá)蝶
蚯蚓
锹甲
熊蜂
大蚊
蚜虫
蟹蛛

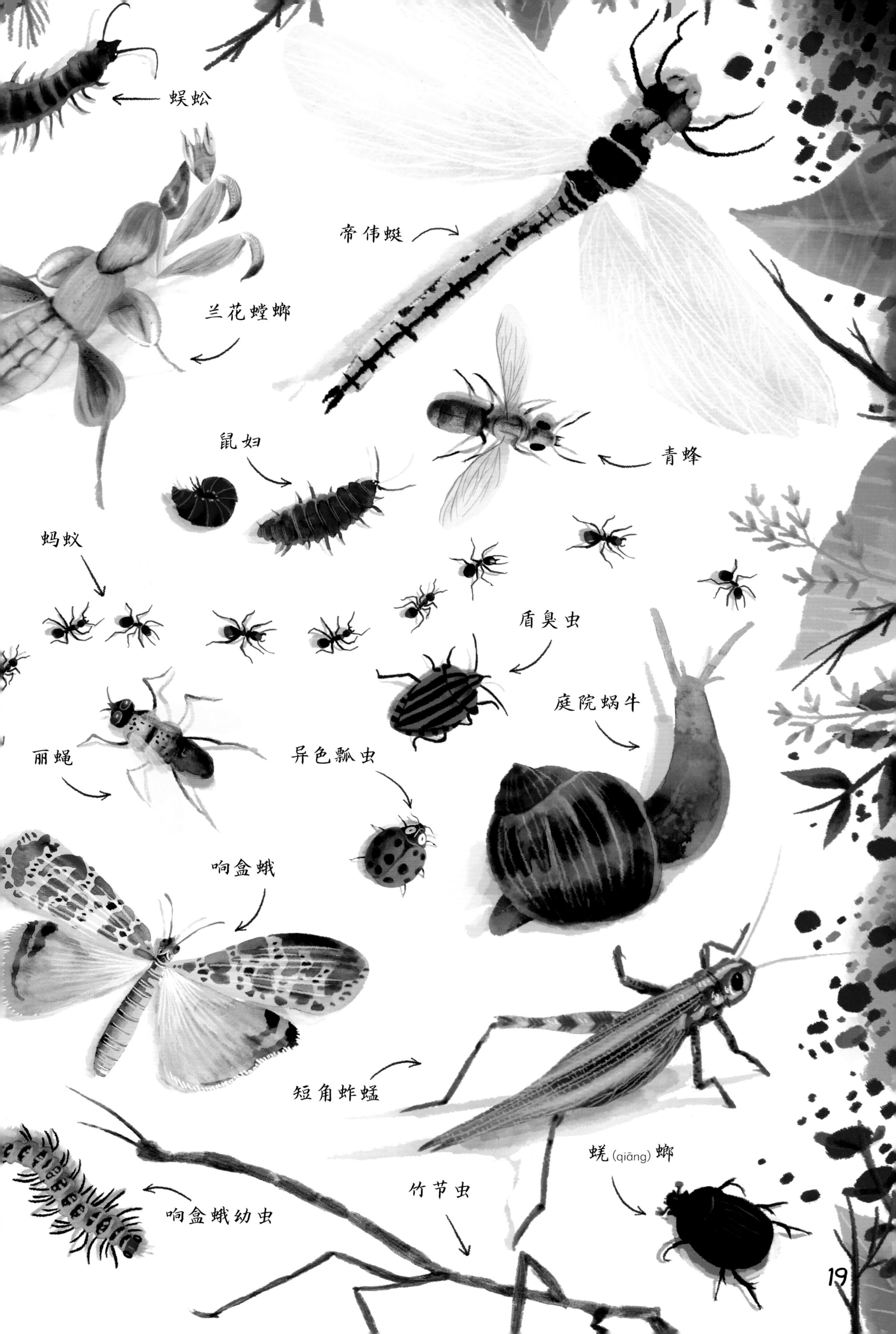
蜈蚣
帝伟蜓
兰花螳螂
鼠妇
青蜂
蚂蚁
盾臭虫
庭院蜗牛
丽蝇
异色瓢虫
响盒蛾
短角蚱蜢
蜣(qiāng)螂
竹节虫
响盒蛾幼虫

虫子的生存竞争

自然界中的各种生物都会参与生存竞争。它们不是捕猎食物，就是被当成食物。它们必须懂得一些技巧来捕猎和避免遭受攻击。

雌胡蜂会狠狠地蜇人。
一些虫子用身上黄黑相间的条纹来警告其他动物：我很危险。大多数带条纹的虫子尾部长有蜇针。
多脚的蜈蚣和敏捷的虎甲可以快速地追赶猎物。
一大群蚂蚁一起行军。它们像一个团队一样攻击其他动物。大个儿的兵蚁保护个头儿小的工蚁。
兵蚁用大而有力的口器来撕咬猎物。
猎蝽(chūn)能注射致命的毒液来溶解其他虫子的身体组织！
兰花螳螂
兰花螳螂看起来像一朵粉红色的花。当其他虫子靠近时，兰花螳螂会在一瞬间向前伸出它多刺的前腿去抓住食物。

乌鸫(dōng)
黑脉金斑蝶的幼虫以马利筋叶为食，
这让饥饿的鸟儿不敢来吃它们。
食蚜蝇粗看起来
很像长有蜇针的虫子。
这些虫子是伪装大师。
它们通过伪装成别的东西来
逃避危险。
凤尾蝶幼虫
看起来像小蛇。
角蝉能伪装成
带刺的荆棘。
螽(zhōng)斯在打斗时
可能会断掉，这样
它就能乘机逃脱。
叩甲可以把身体
弹向空中。
在躲避危险时，
虫和叩甲采取的是同样的方法——
它们跳起来就跑。
蝗虫的腿长
而有力，利
于弹跳以避
开危险。
炮弹虫
当心可怕的炮弹虫，
它能从尾部喷出很难闻的
液体来保护自己！

变身时刻

毛虫是蛾子或蝴蝶的幼虫，与成虫有很大的区别。下面是黑脉金斑蝶的生命周期。

从毛虫变成蝴蝶，发生的变化非常大，这种变化叫“变态发育”。

毛虫条纹状的皮肤
向鸟儿们发出警告：
我有毒。
蛹
卵

④ 毛虫在身体周围做了一个叫“蛹”的坚硬外壳。

③ 毛虫不停地吃啊吃！它们需要在变化之前，把自己养得肥肥胖胖的。

② 虫卵孵化，小毛毛虫钻了出来。

① 雌性蝴蝶把卵产在叶子的背面，这样不易被鸟儿发现。

这些小虫子最终变成三种不同的昆虫：

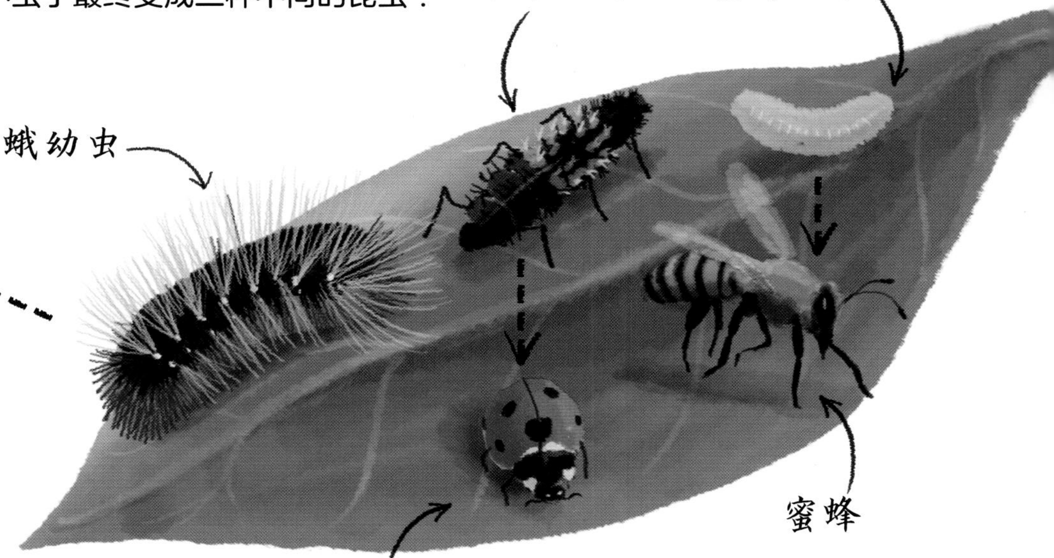

⑤

在蛹内部，毛虫在变成蝴蝶之前，
会先变成黏稠的液体状态。

⑥

蛹裂开，一只蝴蝶钻了出来。在飞走前，
它先要在阳光下晒干翅膀。

⑦

雌雄蝴蝶在交尾前会在空中翩翩起舞。
然后雌蝶准备产卵，新的故事又开始了。

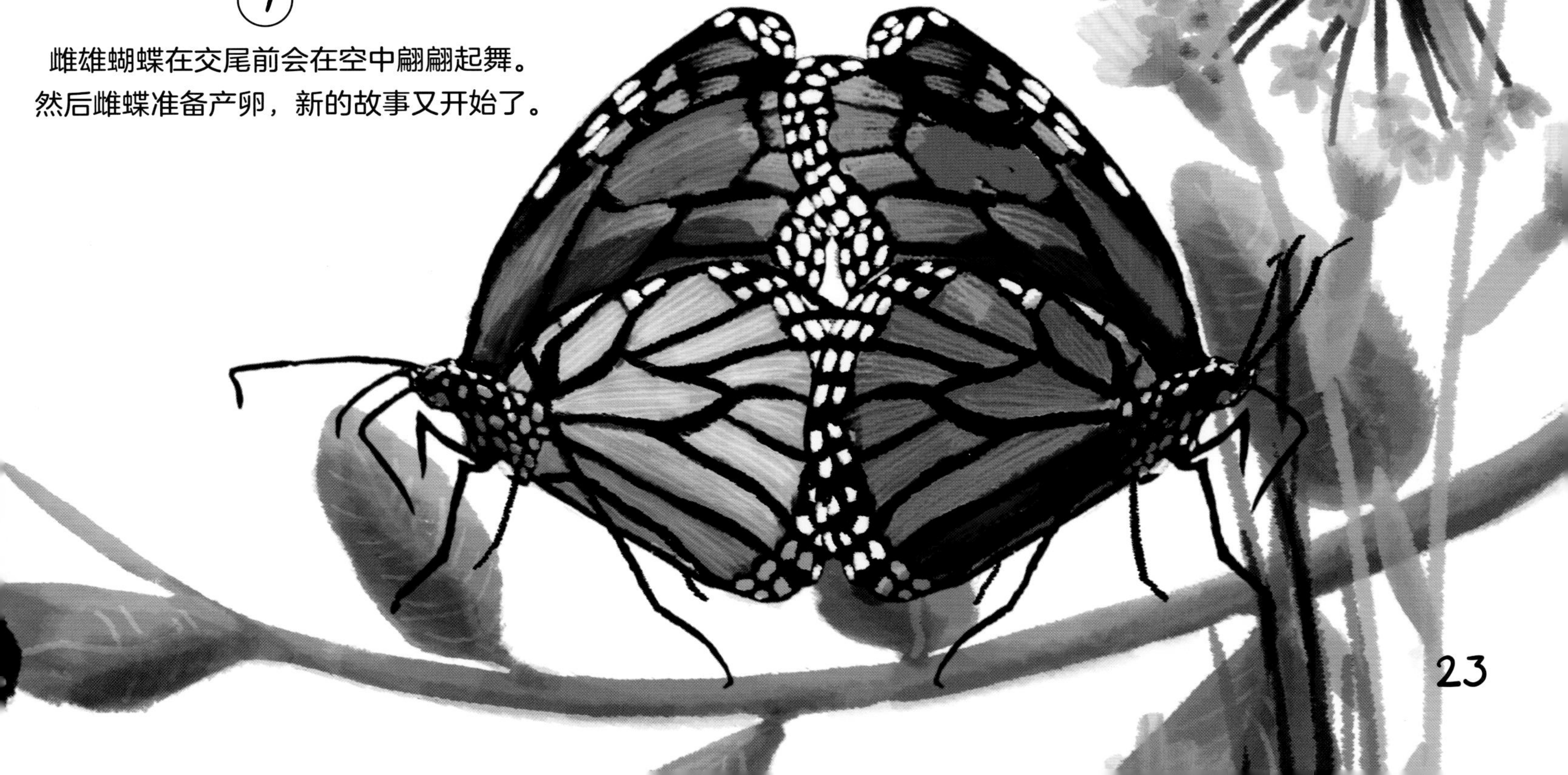

我看到一只蜘蛛

大部分虫子有六条腿，蜘蛛不是昆虫，它有八条腿。蜘蛛能快速奔跑、构建陷阱和吐丝结网。

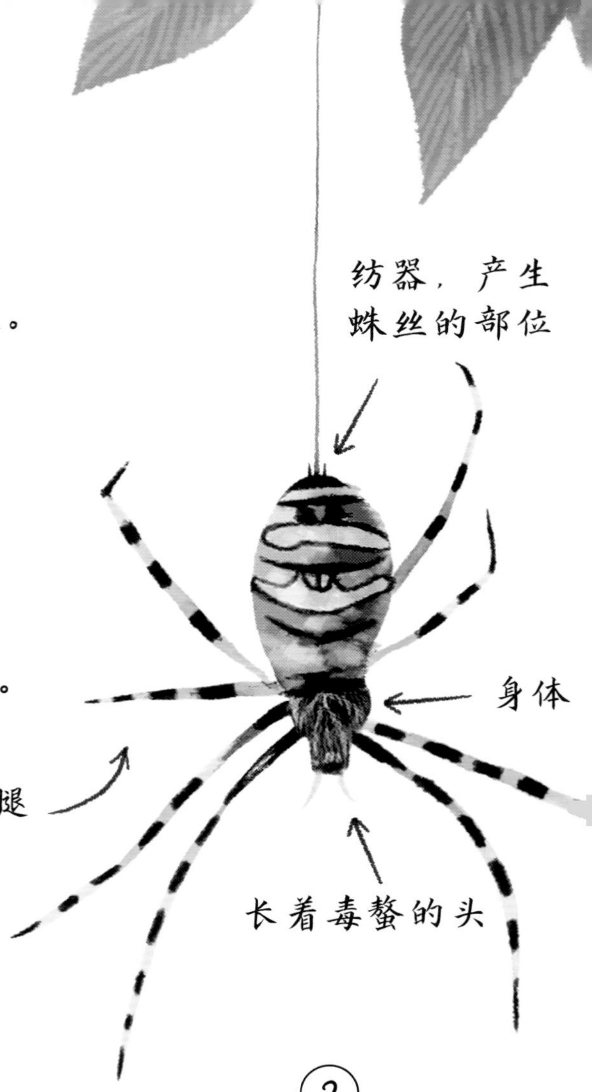
纺器，产生蛛丝的部位
身体
八条腿
长着毒螯的头

蜘蛛捕食其他的小虫。它们有强壮的螯爪和锋利的螯肢，可以咬住猎物并向其注射致命的毒液。

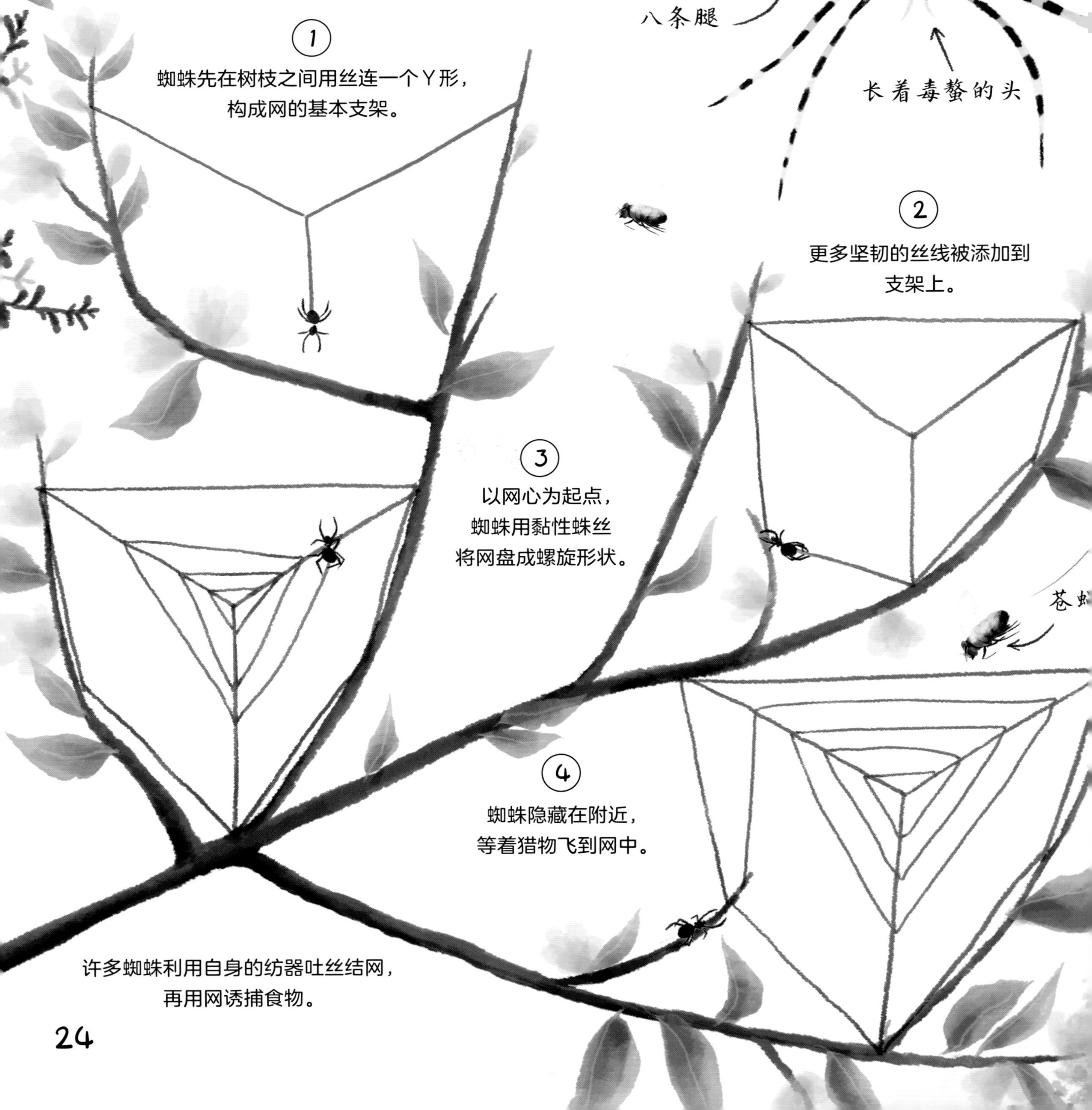

1 蜘蛛先在树枝之间用丝连一个Y形，构成网的基本支架。

2 更多坚韧的丝线被添加到支架上。

3 以网心为起点，蜘蛛用黏性蛛丝将网盘成螺旋形状。

4 蜘蛛隐藏在附近，等着猎物飞到网中。

许多蜘蛛利用自身的纺器吐丝结网，再用网诱捕食物。

蜘蛛有着相对于体形来说的巨型大脑和聪明才能。
一些蜘蛛有着非凡的视力，它们的眼睛多达 12 只。
蜘蛛还有着超常的感官，它们可以用脚来闻、听和尝！

沙漠蛛翻着跟头四处游走，这样它们的脚就不会被热沙子烫伤了。
超级狼蛛妈妈会把上百只小蜘蛛背在背上，以保护它们的安全。
彩色的孔雀蛛能跳得很高。
撒网蛛吊在丝线上，腿上撑着一张有弹性的网，准备捕食鼠妇！
撒网蛛
活板门蛛用丝和土壤等在洞穴门口做了一扇活动门，上面盖上土，把陷阱完全隐藏了起来。
活板门蛛

池塘里的虫子

在池塘和河流波光粼粼的水面之下，隐藏着一个虫子的世界。在这里，它们能找到栖息地、足够的食物和隐藏地。

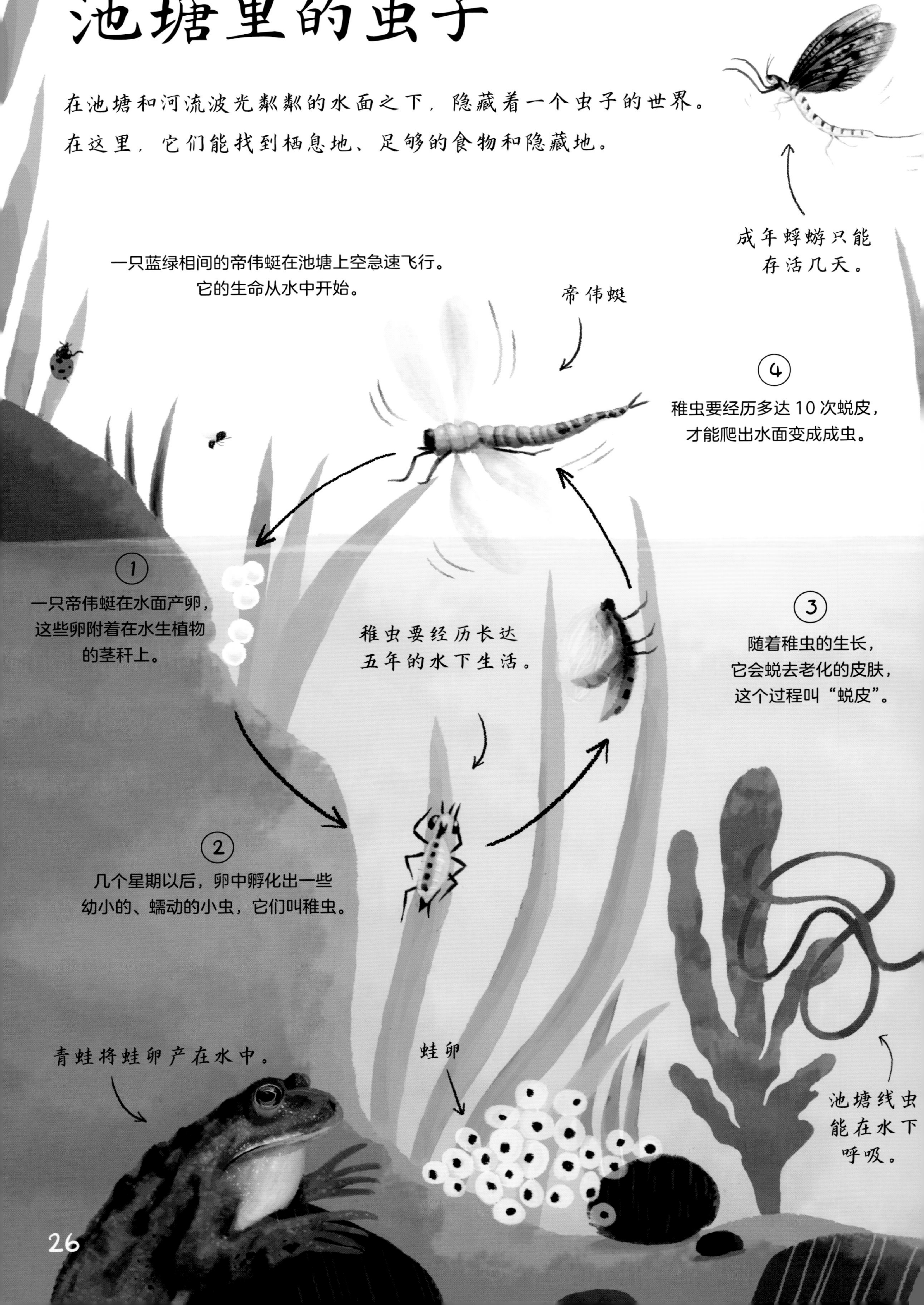
成年蜉蝣只能存活几天。
一只蓝绿相间的帝伟蜓在池塘上空急速飞行。它的生命从水中开始。
帝伟蜓
4
稚虫要经历多达 10 次蜕皮，才能爬出水面变成成虫。
1
一只帝伟蜓在水面产卵，这些卵附着在水生植物的茎秆上。
稚虫要经历长达五年的水下生活。
3
随着稚虫的生长，它会蜕去老化的皮肤，这个过程叫“蜕皮”。
2
几个星期以后，卵中孵化出一些幼小的、蠕动的小虫，它们叫稚虫。
青蛙将蛙卵产在水中。
蛙卵
池塘线虫能在水下呼吸。

翠鸟站在树枝上寻找
猎物，一旦发现小鱼
就一个猛子扎入水中。
大蚊
蚊子
水黾能在水面上滑行。
划蝽是一种用腿当船桨在水里游泳的甲虫。
蚊子的幼虫把自己倒挂在水面下，
用尾部进行呼吸！
水黾(mǐn)
豉虫会潜水，
可逃避危险。
龙虱用很聪明的办法在水下呼吸。
它在水面上采集一个气泡，
携带气泡进入水下去寻找食物。
划蝽
水蜗牛
虾
龙虱
石蛾幼虫围绕着它们的身体
筑成坚硬的巢，巢大多是用
小石子和树叶等筑成的。

地底世界

成千上万的小虫子在我们的脚下忙碌着。它们埋伏在石头下面，在松软的土壤中挖洞，在大团的腐叶中大口咀嚼。

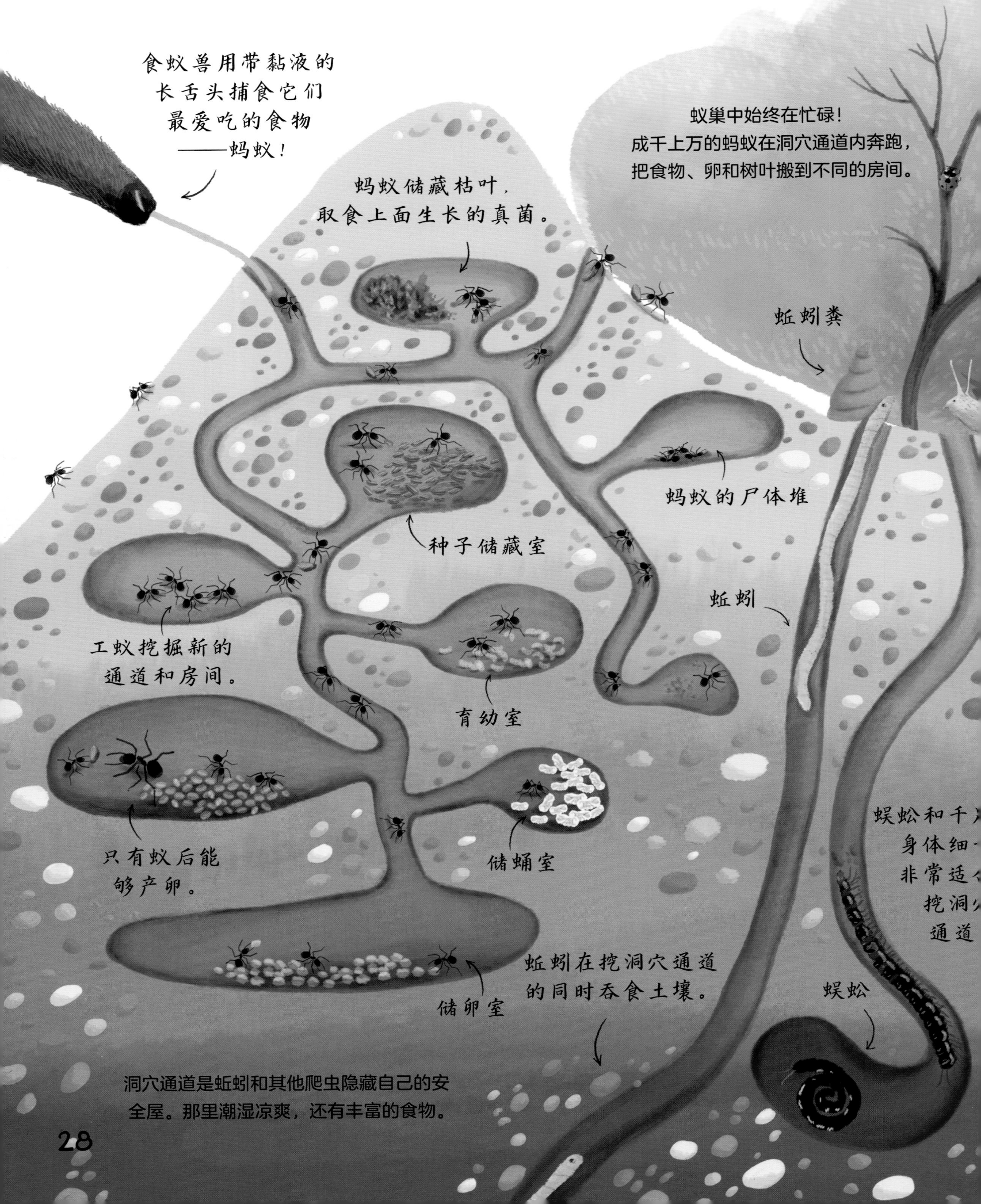

食蚁兽用带黏液的
长舌头捕食它们
最爱吃的食物
——蚂蚁！
蚁巢中始终在忙碌！
成千上万的蚂蚁在洞穴通道内奔跑，
把食物、卵和树叶搬到不同的房间。
蚂蚁储藏枯叶，
取食上面生长的真菌。
蚯蚓粪
蚂蚁的尸体堆
种子储藏室
蚯蚓
工蚁挖掘新的
通道和房间。
育幼室
蜈蚣和千
身体细
非常适
挖洞
通道
只有蚁后能
够产卵。
储蛹室
蚯蚓在挖洞穴通道
的同时吞食土壤。
蜈蚣
储卵室
洞穴通道是蚯蚓和其他爬虫隐藏自己的安
全屋。那里潮湿凉爽，还有丰富的食物。

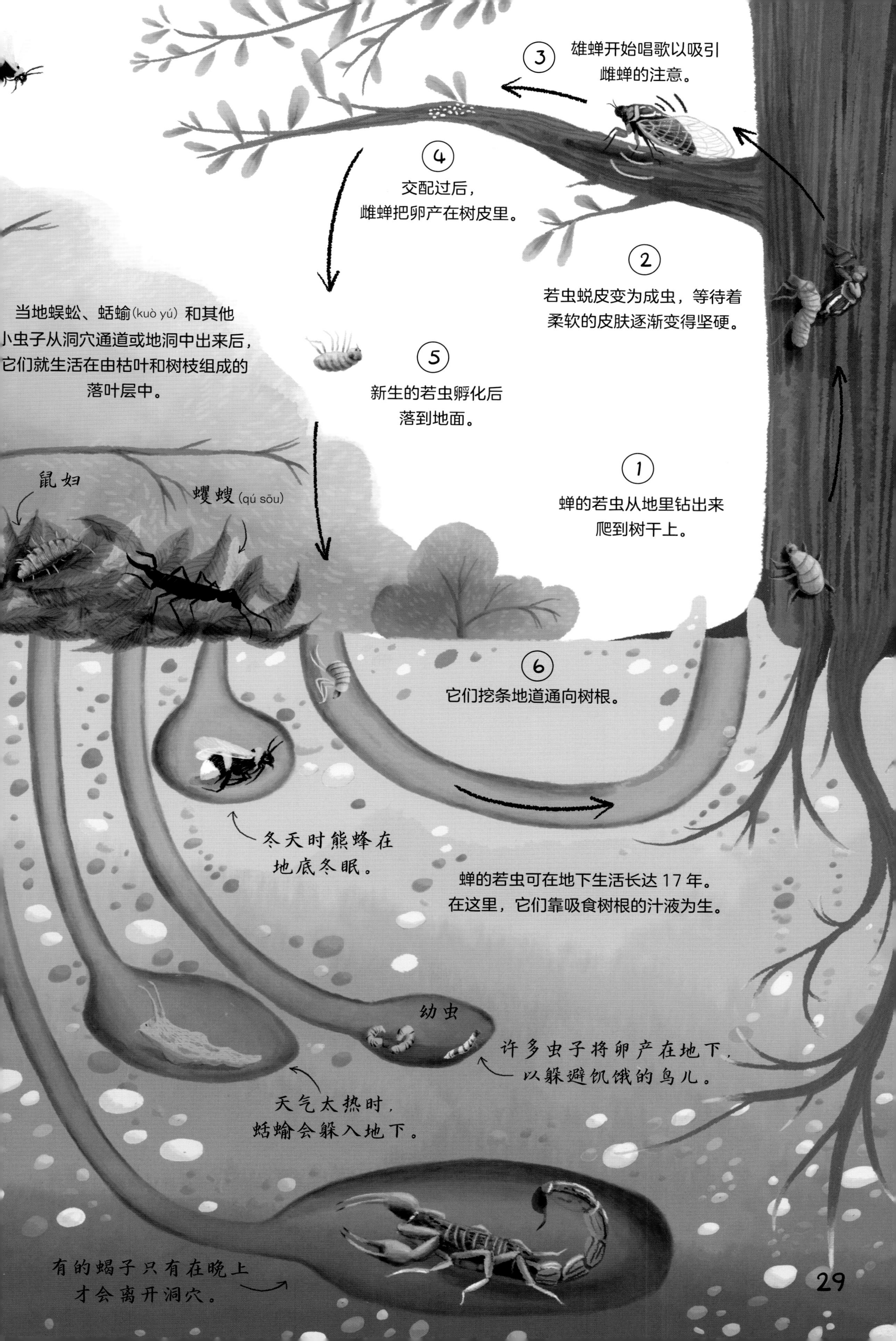

3 雄蝉开始唱歌以吸引雌蝉的注意。
4 交配过后，雌蝉把卵产在树皮里。
2 若虫蜕皮变为成虫，等待着柔软的皮肤逐渐变得坚硬。
当地蝼蛄、蛞蝓（kuò yú）和其他小虫子从洞穴通道或地洞中出来后，它们就生活在由枯叶和树枝组成的落叶层中。
5 新生的若虫孵化后落到地面。
1 蝉的若虫从地里钻出来爬到树干上。
鼠妇
蠼螋（qú sōu）
6 它们挖条地道通向树根。
冬天时熊蜂在地底冬眠。
蝉的若虫可在地下生活长达 17 年。在这里，它们靠吸食树根的汁液为生。
幼虫
许多虫子将卵产在地下，以躲避饥饿的鸟儿。
天气太热时，蛞蝓会躲入地下。
有的蝎子只有在晚上才会离开洞穴。

巨型虫

来看看这些不可思议的虫子吧，它们保持着最长、最重或最大的纪录。它们是巨型虫！

沙漠蛛蜂

沙漠蛛蜂体长可达 5 厘米，能击败餐盘大小的狼蛛！

大沙螽是植食性怪物虫，看起来像胖胖的蝗虫。大沙螽是世界上最重的昆虫之一。

巨大的沙螽像一个苹果那么重。

巨大花潜金龟用于飞行的膜翅覆盖在坚硬的红色鞘翅下面。

巨大花潜金龟是世界上最大的昆虫之一，能长到 11.5 厘米长。这种巨大的虫子非常强壮，能够举起超过自身体重 850 倍的物体！

亚历山大女皇鸟翼凤蝶是世界上最大的蝴蝶，翼展有足球大小。雄性蝴蝶长着明亮的蓝绿色翅膀。

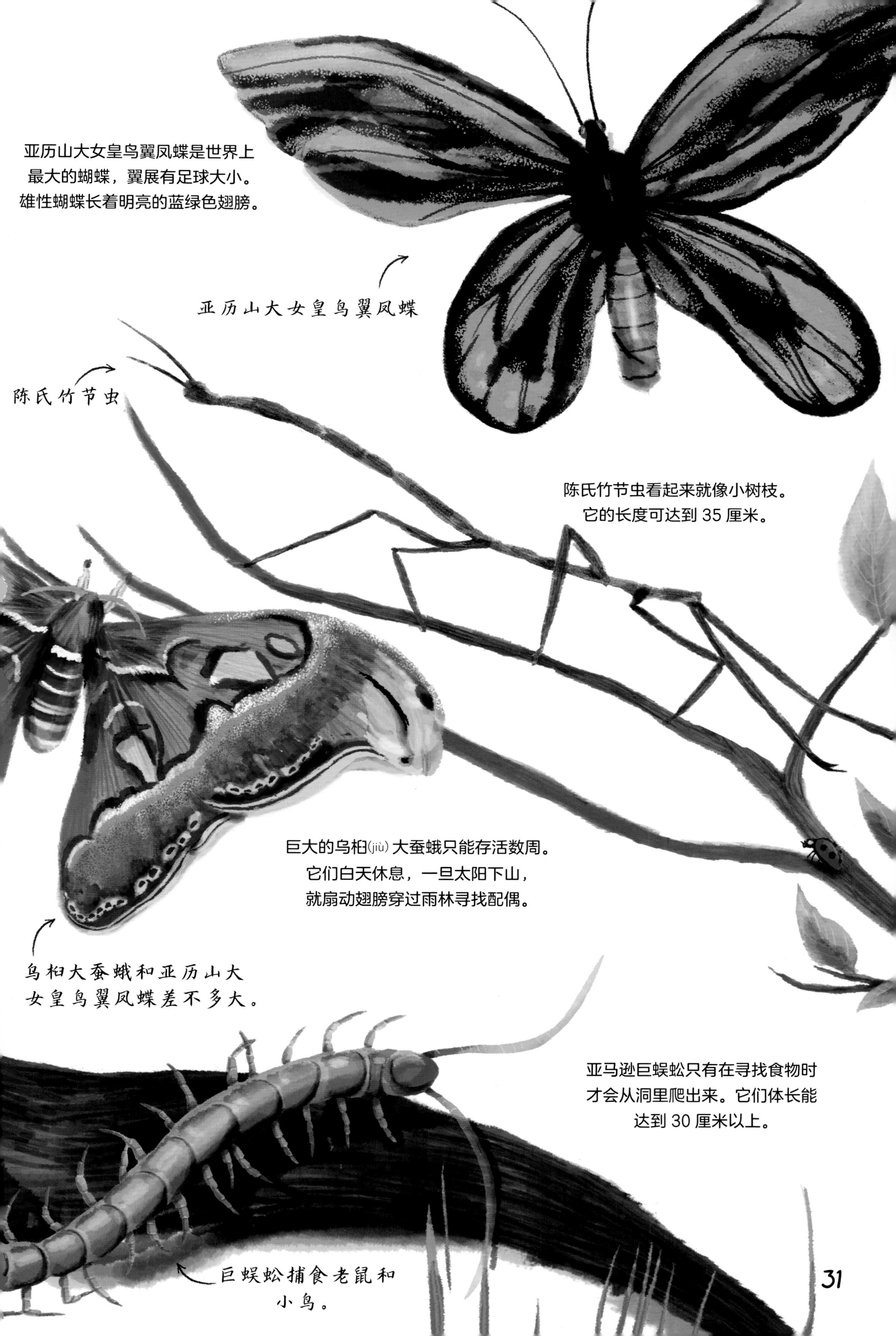
亚历山大女皇鸟翼凤蝶
陈氏竹节虫
乌桕大蚕蛾和亚历山大女皇鸟翼凤蝶差不多大。
巨蜈蚣捕食老鼠和小鸟。

陈氏竹节虫看起来就像小树枝。它的长度可达到 35 厘米。

巨大的乌桕(jiù) 大蚕蛾只能存活数周。它们白天休息，一旦太阳下山，就扇动翅膀穿过雨林寻找配偶。

亚马逊巨蜈蚣只有在寻找食物时才会从洞里爬出来。它们体长能达到 30 厘米以上。

鸟类

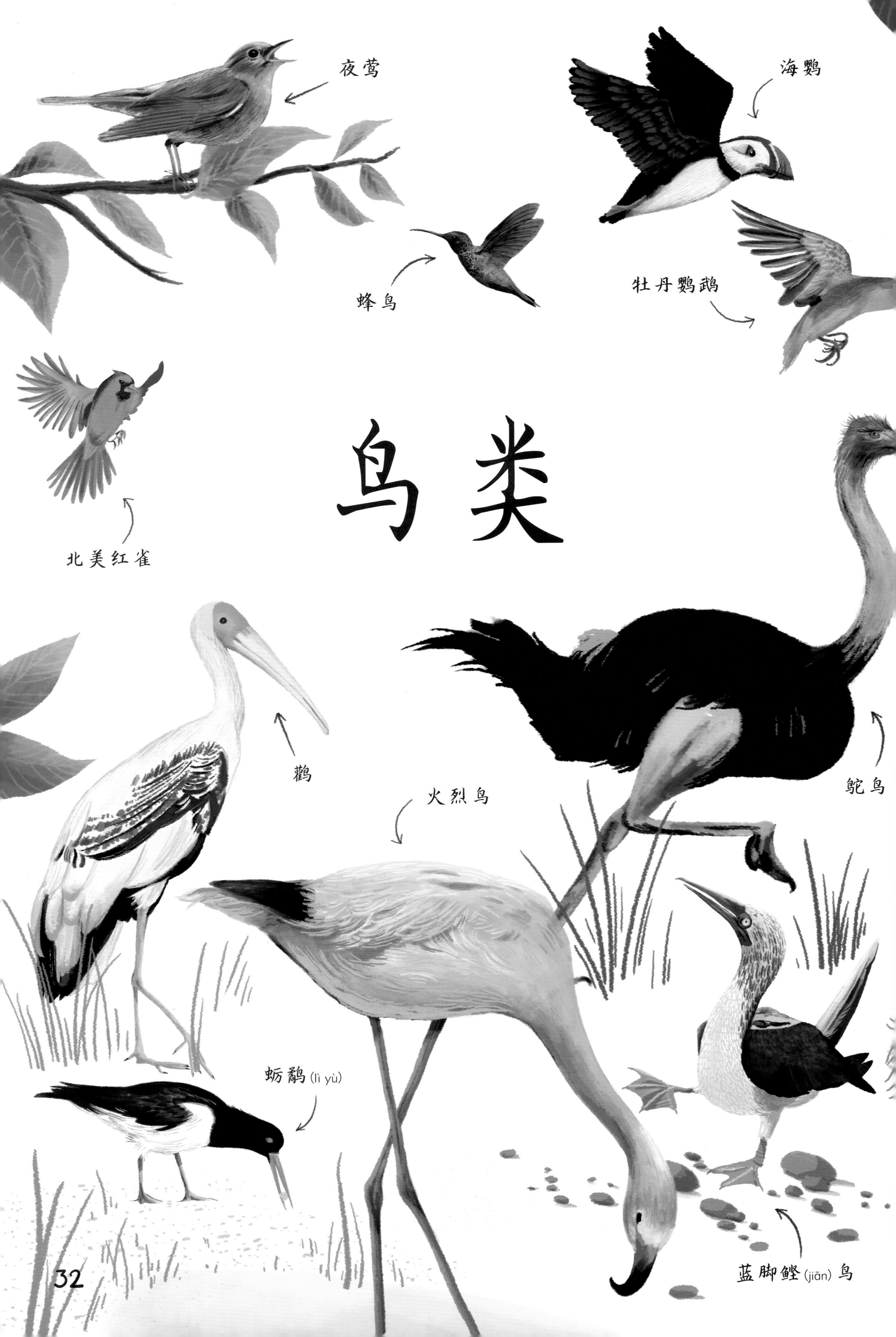
夜莺
海鹦
蜂鸟
牡丹鹦鹉
北美红雀
鹳
火烈鸟
鸵鸟
蛎鹬 (lì yù)
蓝脚鲣 (jiān) 鸟

加拿大雁
新几内亚
极乐鸟
非洲灰鹦鹉
孔雀
仓鸮(xiāo)
鸡
鸭
马可罗尼
企鹅

鸟类概述

世界上约有一万种不同的鸟类。有些鸟飞得又高又远，能跨越陆地和海洋，有些鸟则是奔跑健将或游泳高手。

燕子是
飞行能手。

很少有动物能像鸟类一样轻松地环游世界。大部分鸟类只要扇动翅膀，就能翱翔天际。

鸟类是唯一长着羽毛的动物。鸟长着喙、双足和双翅，但没有牙齿。

欧歌鸫
眼
喙
翅
腹
尾
脚爪

鸟类的羽毛具有保温和飞翔的功能。右边是羽毛的主要类型。

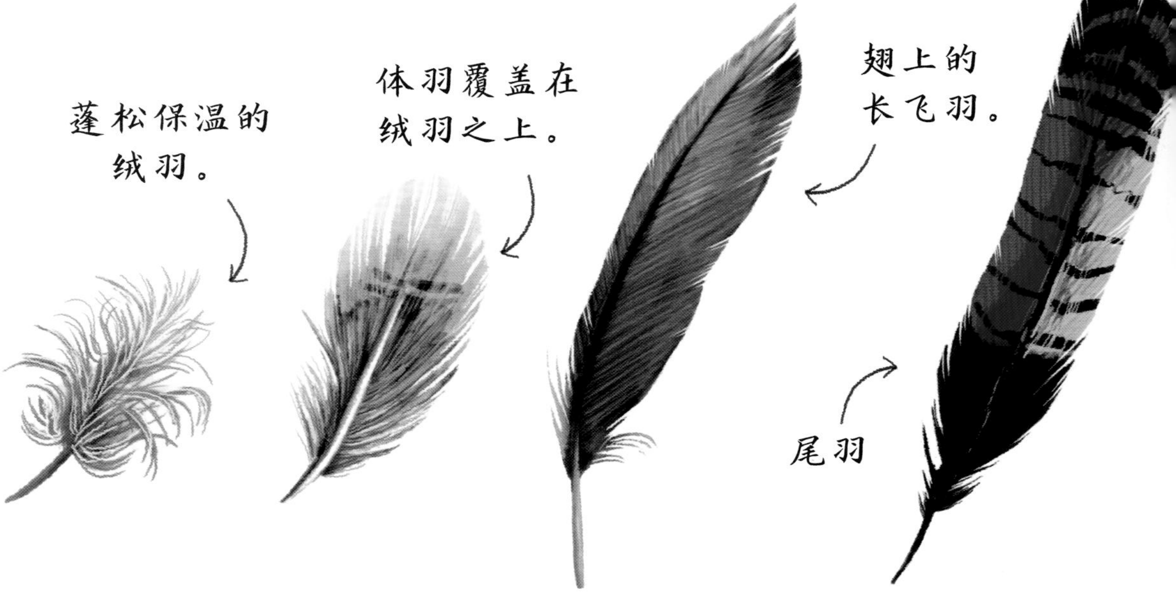
蓬松保温的
绒羽。
体羽覆盖在
绒羽之上。
翅上的
长飞羽。
尾羽

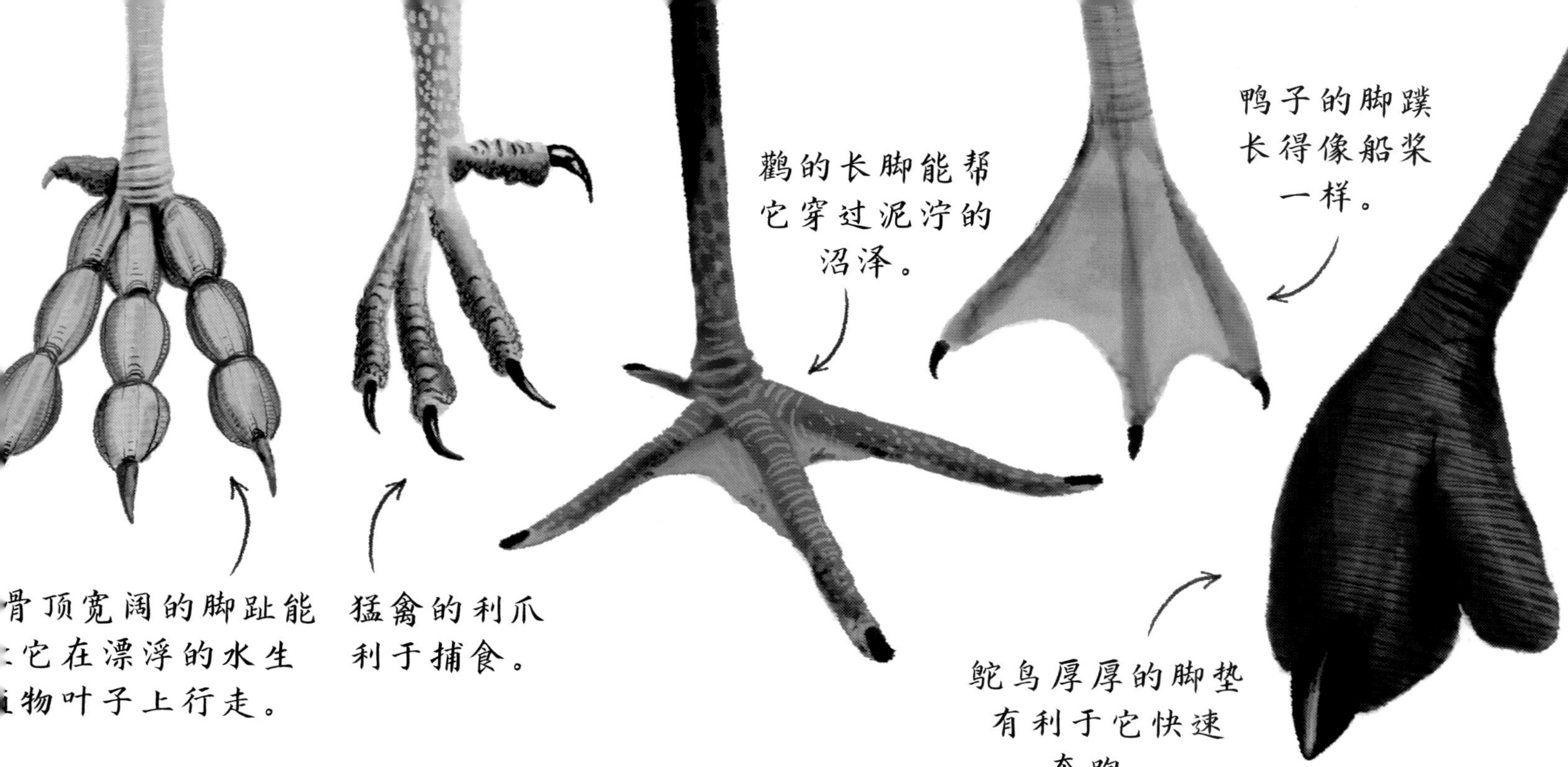
骨顶宽阔的脚趾能
它在漂浮的水生
物叶子上行走。
猛禽的利爪
利于捕食。
鹳的长脚能帮
它穿过泥泞的
沼泽。
鸭子的脚蹼
长得像船桨
一样。
鸵鸟厚厚的脚垫
有利于它快速
奔跑。

鸟类的脚与生活习性相适应。
强有力的脚爪能帮助鸟儿抓牢树枝或抓住猎物，
脚蹼则非常适合游泳。

巨嘴鸟巨大的喙
能够到枝头的果实。
猛禽用强壮的
钩状喙牢牢衔住
小型猎物。
苍鹭又细又长的喙能
叼住光滑的小鱼。

鸟类的喙能反映出它们的食物类型。
每种鸟喙的形状都与它们最爱吃的
食物种类相适应。

卵和雏鸟

所有的鸟类都会产卵，而且大多数鸟类都会筑巢。鸟类父母会在雏鸟孵化前一直照看它们的卵。它们会喂养并保护雏鸟，教它们如何寻找食物。

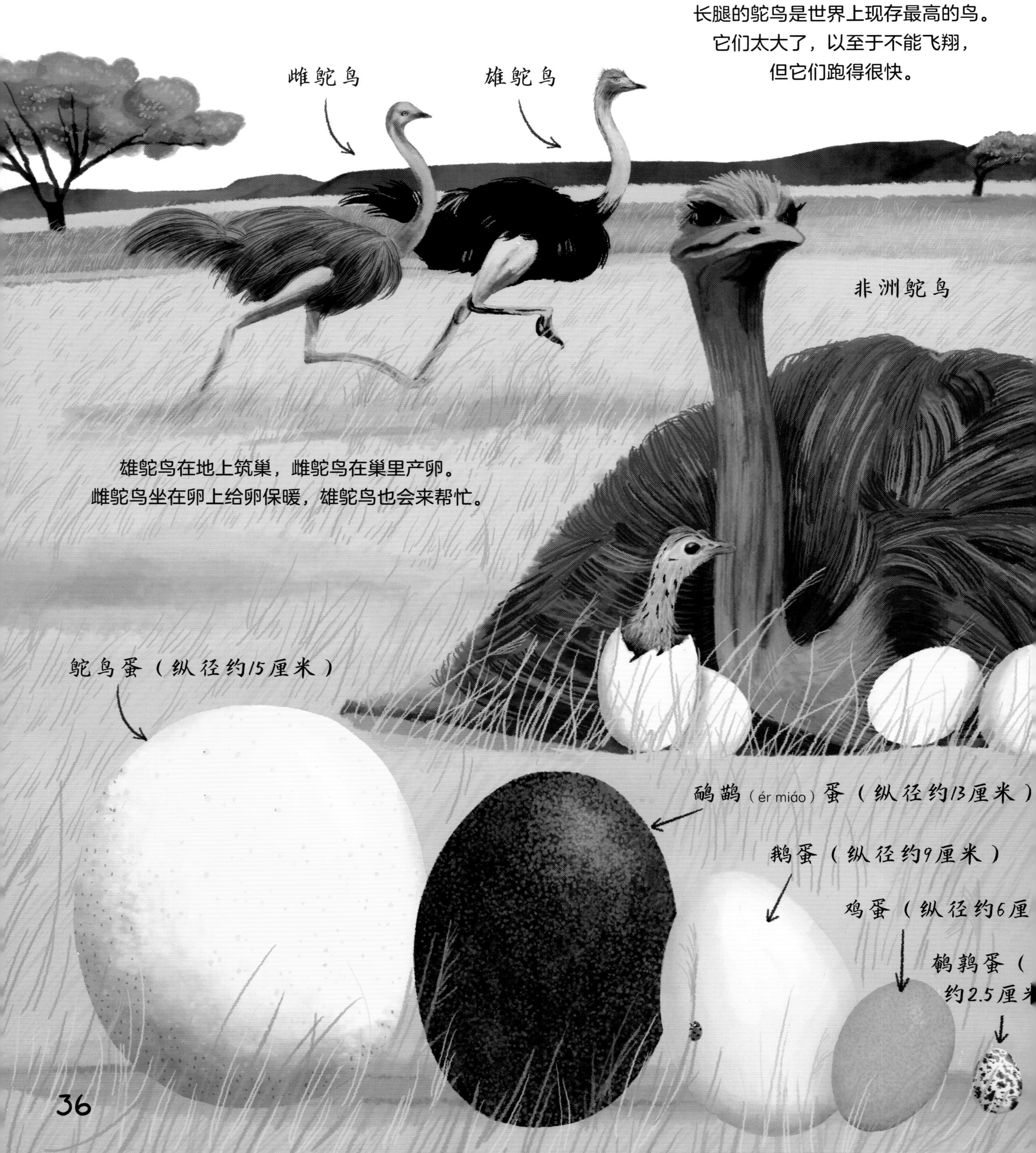
长腿的鸵鸟是世界上现存最高的鸟。
它们太大了，以至于不能飞翔，
但它们跑得很快。
雌鸵鸟
雄鸵鸟
非洲鸵鸟
雄鸵鸟在地上筑巢，雌鸵鸟在巢里产卵。
雌鸵鸟坐在卵上给卵保暖，雄鸵鸟也会来帮忙。
鸵鸟蛋（纵径约15厘米）
鸸鹋（ér miáo）蛋（纵径约13厘米）
鹅蛋（纵径约9厘米）
鸡蛋（纵径约6厘
鹌鹑蛋（
约2.5厘米

蜂鸟的巢最小。

鸟巢能保护卵的安全。
鸟儿把舒适的鸟巢建在树枝上、
树洞里、悬崖边或地面上。

燕子窝多是
用泥和唾液
筑成的。

织巢鸟的窝
挂在树枝上。

雏鸟们紧跟在父母
身边以保证安全。

雏鸟们模仿父母的行为，学习
如何寻找食物。种子、花朵、
杂草和虫子都是鸵鸟的食物。

约 40 天后，毛茸茸的小鸵鸟从蛋里孵化出来，
小鸵鸟孵化出来就能走路。
它们会在几天之内离开鸟巢。

每个鸟蛋里都有一只小鸟在发育。
鸟蛋里面有小鸟需要的营养。
一些鸟每次只能产卵 1 枚，
但鹌鹑能一次产卵超过 20 枚！

刚孵化的小鸵鸟
跟鸡一样大。

饥饿的鸟儿

鸟儿的食物各种各样。它们没有牙齿，只能将食物整个吞下，在胃里把食物磨碎。飞翔和筑巢非常辛苦，所以鸟儿总是很饿！

塘鹅
塘鹅会连续飞行几个小时，在大海中寻找鱼的踪迹。当发现食物后，它会一头扎入水中叼住它。
鲜鱼！
吃了粉红色的食物，火烈鸟的羽毛就变成了粉红色。
食蜂鸟捕捉小飞虫。它把虫子抛到空中，然后一口吞下去。
食蜂鸟捕食蜂类和蜻蜓。
火烈鸟捕食时把头部翻转悬在水面上。它用大大的喙把水舀起来，再用梳子一样的舌头过滤小虾来吃。

猛禽捕食各种动物。它们强壮、敏捷，拥有敏锐的视觉和巨大的爪子。猫头鹰、老鹰和隼(sǔn)都是猛禽。

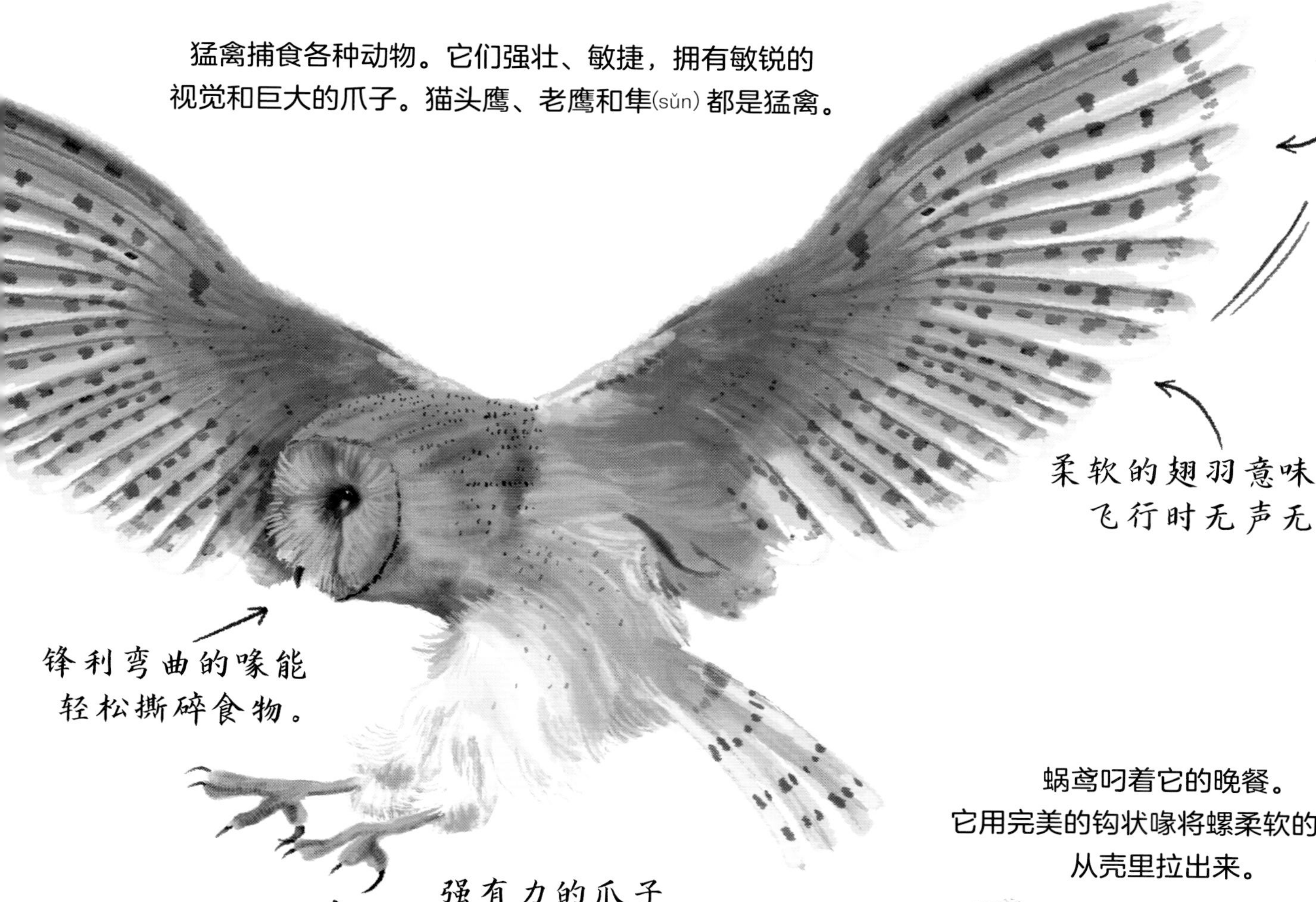

仓鸮
柔软的翅羽意味着仓鸮飞行时无声无息。
锋利弯曲的喙能轻松撕碎食物。
强有力的爪子能牢牢地抓住扭动的猎物。

蜗鸢叼着它的晚餐。
它用完美的钩状喙将螺柔软的身体从壳里拉出来。

蜗鸢就是用它最爱吃的食物命名的。

麝雉身上会散发出难闻的气味！

麝(shè)雉是以树叶为食的鸟类。
树叶的营养成分很少，
所以麝雉要花费大量的时间进食！

企鹅

在寒冷的南极地区，生活着上百万只叫“企鹅”的奇特鸟类。冬天，帝企鹅聚集在冰上寻找配偶。

企鹅摇摆着行走，或用肚皮贴着冰面滑行。
企鹅爸爸照看蛋宝宝时，企鹅妈妈去海里捕鱼。
成千上万只企鹅聚集在一起形成一个种群。
企鹅爸爸

4月

冬天来了，海水开始结冰。
帝企鹅已经捕到了鱼，现在它们开始游向陆地。

5月

企鹅妈妈生了一个蛋宝宝，
企鹅爸爸小心地把它放在自己的脚上。
它腹部柔软的羽毛盖住了蛋宝宝，
以给它保温。

企鹅约有 17 个种类。帝企鹅体形最大。
其余种类的企鹅大多生活在南极周围的海岛上。

11 月

帝企鹅整个家族回到大海，
享受短暂的南极夏日。

马可罗尼企鹅
帽带企鹅
巴布亚企鹅
独角鲸
在黑白色的羽毛
丰满之前，
小企鹅不能去
游泳。
企鹅妈妈
柔软的灰色羽毛就像
一件绒毛大衣，
为冰面上的小企鹅保暖。

8 月

企鹅妈妈给新生的小企鹅带回了食物。
在爸爸妈妈的照顾下，小企鹅越来越强壮。

7 月

约 70 天后，小企鹅孵化出来了。
冷风带来了暴风雪，在企鹅妈妈回来前，
企鹅爸爸和小企鹅将近两个月都没有东西吃。

载歌载舞

许多鸟用歌声交流。一些鸟类还会挥舞着多彩的羽毛跳舞来表达情感。

雄性夜莺用悦耳的
歌声吸引雌夜莺。

鸟儿发出不同的声音，
从嘀嘀声到吱吱声再到啾啾声。
鸣禽宝宝在出生后十天，
就开始跟父母学习唱歌了。

雄性琴鸟边唱歌边摇动它
长长的尾羽，来给配偶
留下深刻的印象。

麻鸦会发出响亮而低沉的叫声。
它们的叫声能传到五公里外。

非洲灰鹦鹉

麻鸦

非洲灰鹦鹉是模仿高手。
它们能模仿雨林里其他鸟的叫声。

两只鹤在表演一种能持续数小时的鸟类芭蕾。
求偶的双方一起移动、鞠躬、跳跃和拍打翅膀。

新几内亚极乐鸟
丹顶鹤会用上下嘴壳
互相敲击发出
嗒嗒嗒的声响。
蓝脚鲣鸟

一只雄性蓝脚鲣鸟展示它可爱的蓝脚来吸引配偶。
雄鸟的脚越蓝，在雌鸟眼中就越有魅力！

极乐鸟是鸟类世界里的超级明星。
雄性极乐鸟有着绚丽多彩的羽毛，
它们还会在令人眼花缭乱的舞蹈中
炫耀自己的羽毛。

水鸟

鹭

很多鸟类生活在水边，因为那里有充足的食物。巨大的海鸟在蓝色的海洋上空翱翔，长腿的涉禽以岸边的小动物为食。

河流、湖泊和沼泽是很多鸟的栖息地，它们有着长腿长脚，便于通过泥水。

鹳在浅水里找鱼、
青蛙和虫子吃。
长相奇特的鲸头鹳
在混浊的水里发现
一条鱼。
天鹅

海鹦在悬崖上筑巢，
飞到海面上捕鱼。
黑头鸥
蛎鹬用它们的尖嘴
从沙子里捕食虫子
和贝类。
鹈鹕(tí hú)的
大嘴能舀起
满嘴的鱼。
海燕
信天翁可以用
巨大的翅膀滑翔
数小时。
企鹅用它们鳍状的
翅膀在水中快速地
穿梭捕鱼。

海岸边的浅水是许多海洋生物的家，比如鱼、螃蟹等，这都吸引着饥饿的水鸟前来。

海鸟有又长又宽的翅膀，用来在水面上飞翔，经常一次飞几个星期。当它们发现水中有食物时，就会俯冲入水中捕食。

白掌长臂猿
非洲
疣(yóu)猪
长颈鹿
动物
水豚
北极兔
环尾狐猴
跳鼠
虎
草莓箭毒蛙
欧亚红松鼠
阿尔卑斯
旱獭

犀牛
蝙蝠
睫角棕榈蝮(fù)
母狮和幼仔
驯鹿
变色龙
亚洲貘(mò)
大猩猩
耳廓狐
鼠

捉迷藏

两栖类和爬行类动物没有皮毛或羽毛，它们的皮肤黏滑或布满鳞片。鲜艳的颜色和夸张的图案能帮助它们躲避饥饿的捕食者，或向配偶炫耀！

变色龙是一种蜥蜴，它们大多数时间是绿色的，将自己隐藏在雨林的树叶里。但是当它们兴奋时，皮肤就会变成像彩虹一样的颜色！

变色龙的舌头又长又黏，非常适合捕捉苍蝇。

这种两栖动物很容易被发现！草莓箭毒蛙醒目的颜色在警告其他动物：它那黏滑的皮肤涂满了剧毒。

草莓箭毒蛙

角蛙看起来就像森林地面上一片棕色的树叶，因为它的颜色和体形有助于它融入森林。这种自我保护的方式叫“伪装”。

角蛙

蛇是一种身体很长的爬行动物，
可以无声无息地滑动来接近猎物。
蛇进食时把食物整个吞下，
许多蛇还有致命的毒牙。

睫角棕榈蝮喜欢
躲在香蕉中间。
树丛中的翡翠树蚺(rán)
很难被发现。

幼年绿红东美螈生活在陆地上，
它们的皮肤是亮橙色的。
成年绿红东美螈生活在池塘里，
为了躲避捕食者，它们的皮肤会变成棕绿色。

幼年绿红东美螈(yuán)

鳄潜伏在河流和沼泽里。
它们慢慢地游着，
眼睛和鼻孔露在水面上，
留意着下一顿美餐。

鳄

集体生活

猴和猿是哺乳动物，生活在温暖地方的森林里。它们在族群中友好相处、互相帮助，照看着彼此的孩子。

蜘蛛猴是群居动物，它们喜欢挂在树枝上，在树丛中跳跃。又长又卷的尾巴能帮助它们四处活动。

蜘蛛猴互相提醒食物的位置。

年长的雄性大猩猩又叫“银背”。

大猩猩是体形最大的类人猿。山地大猩猩主要栖息在地面上，晚上睡觉时它们用树叶在地上做成柔软的床。

长臂猿有长长的手臂，可以在
树林间荡来荡去。日出时，
雌雄长臂猿会齐声啼叫。

白掌长臂猿

雌雄金狮面狨轮流照顾它们的孩子。
它们的名字来源于其脸部周围的毛发。

像所有的猴子和猿一样，
金狮面狨互相轻抚、梳理毛发。

有时上百只黑猩猩组成一个家庭。
这些类人猿多以水果、坚果和昆虫为食，
它们学会了一些获取食物的聪明方法。

环尾狐猴在地上寻找水果、
树叶和花朵为食。
它们把尾巴高高地翘起来以方便看到对方。

黑猩猩用石头
敲开坚果。
环尾狐猴

动物家园

动物的生活场所称为栖息地。从冰雪覆盖的山巅到阳光炙烤的沙漠，动物们几乎在地球的任何角落都能找到生存的空间。

厚厚的脂肪层能
帮助海豹保暖。
驯鹿在雪地中嗅来嗅去，
寻找雪下的植物。
北极熊
北极狐
冬季，北极兔
的毛色从褐色
变为白色。
在地球的两极，冬季漫长又寒冷。
许多动物会长出暖和的白色皮毛来伪装自己。
雪羊在陡峭的
山坡上爬上爬下。
白头海
在陡峭的岩石山顶，植被稀少，天气变化无常。
生活在这里的动物必须吃苦耐劳、步履稳健。
阿尔卑斯旱獭生活在
舒适的洞穴里。
山猫斑驳的皮毛使它与
陡峭的山壁融为一体。

沙漠是一个炎热、干燥的地方，
几乎不下雨。很少有植物能在这里生长，
但有一些神奇的动物已经
适应了在高温下生存。
阿拉伯剑羚不喝水
能活数周。
耳廓狐的大耳朵
能听到沙子里
甲虫的声音。
单峰驼能把驼峰里的
脂肪转化为水分。
跳鼠用袋鼠般的腿
跃过灼热的沙地。
斑驳的美洲豹在
树荫下潜行觅食。
巨嘴鸟
树懒整天挂在
树枝上。
热带雨林温暖多雨。
从河底到树顶，动物们都能找到捕猎、
躲藏和休息的地方。
亚洲貘
亚洲貘和水豚经常在水边，
以水果、嫩树枝和浆果为食。
水豚

非洲大草原

广阔的非洲草原上生长着很多草，是动物的特殊栖息地。成群的植食性动物大力啃食着青草，同时这里也有一些饥饿的食肉动物。

空中秃鹫在寻找食物。
成群的角马
斑马
长颈鹿
在非洲，有时半年只下一点雨，所以像角马这样的食草动物，会聚成大群去其他地方寻找水和食物。当雨季来临时，草重新生长出来，动物们又会回来。
水坑
河马
雄狮
犀牛
加彭蝰(kuí)蛇
母狮和幼仔
狮子过着群居生活。雄狮和入侵者战斗以保卫狮群。母狮猎取食物，给饥饿的幼仔喂食。
蜣螂

生长着旱生或半旱生草本植物的大片土地称为草原，
如非洲大草原、南美草原、北美草原和俄罗斯草原。
因为降雨量很小，只有一些小树能生长在草原上。

蚁丘
羚羊
豹
非洲象
秃鹫
鳄
金合欢树
织巢鸟的窝
织巢鸟
非洲疣猪

成群的羚羊和大象在草原上漫步。
它们为了安全总是成群结队地吃草。

小小的黄黄的织巢鸟在树丛间跳跃穿梭，
并衔草织巢。

海洋世界

海洋中栖息着大量的生物，有成百上千的鱼和许多其他的奇异生物。

海草
绿海龟
从珊瑚、海龟到鲸和各种颜色鲜艳的鱼，大多数海洋生物生活在有阳光照射的浅海。
皇帝神仙鱼
巨大的绿海龟在海草丛中觅食。摇曳的海草生长在清澈的浅海中。
海马
黑鳍鲨
小丑鱼
一种叫“珊瑚虫”的小动物打造了珊瑚礁。珊瑚礁为许多海洋动物提供了食物和藏身之所，所以很多海洋动物在此定居。
五彩缤纷的珊瑚礁
太平洋红章鱼

各种海鸟在海浪
上空飞翔，
寻找鱼和水母。

飞鱼利用它们像翅膀一
样的鱼鳍从水中跃出。

马鲛(jiāo)鱼
宽吻海豚

海豚集体协作捕鱼。
一群银色的马鲛鱼不断地下潜、扭动、急转弯，
试图逃跑。

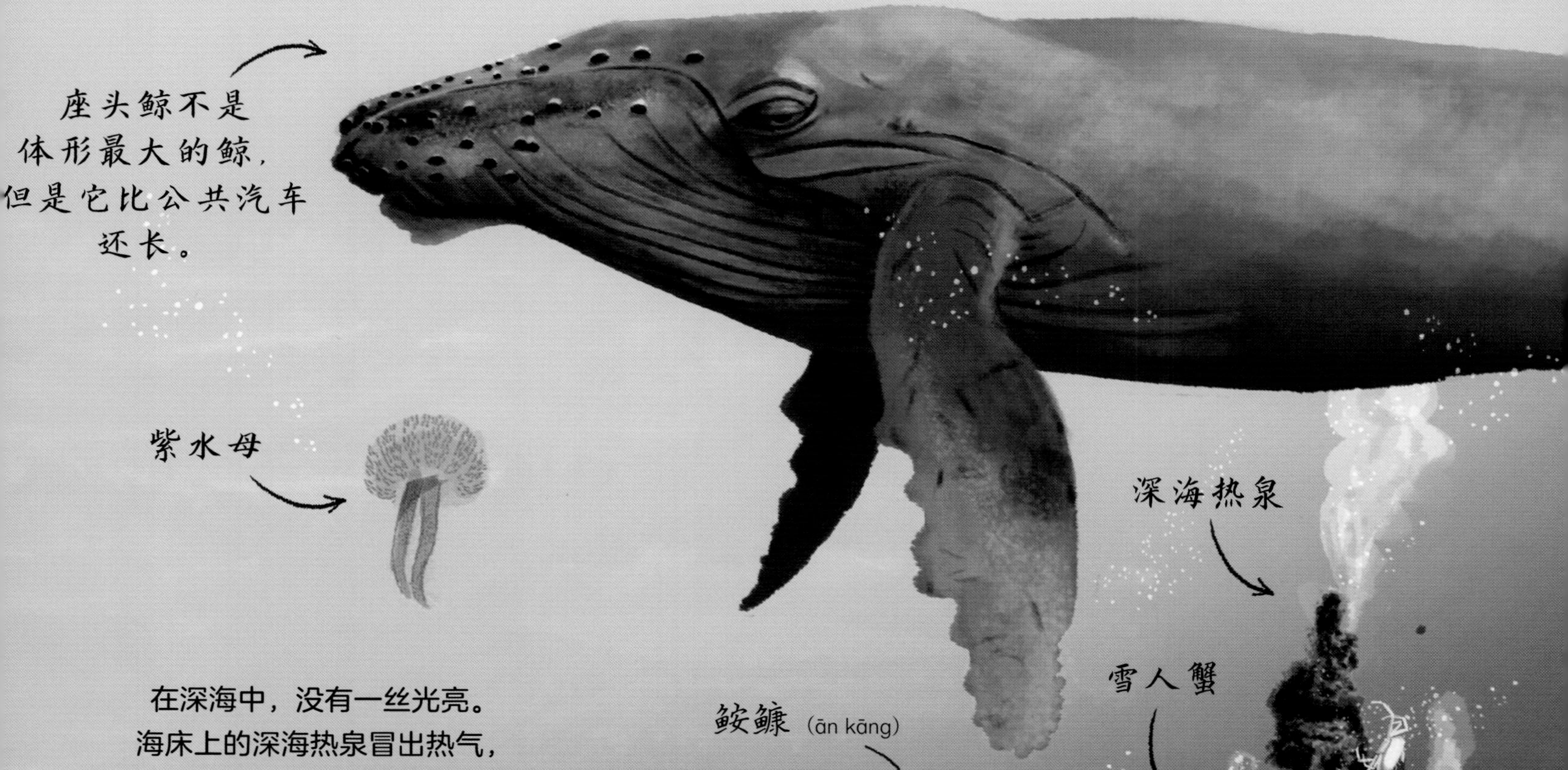
座头鲸不是
体形最大的鲸，
但是它比公共汽车
还长。
紫水母
深海热泉

在深海中，没有一丝光亮。
海床上的深海热泉冒出热气，
海水中因此出现滚烫的气泡。
一些奇形怪状的生物住在这里。

雪人蟹
鮟鱇(ān kāng)
管虫

黑夜时光

睡眠对所有动物来说都很重要。与我们不同的是，许多动物晚上活动，白天休息。还有的动物几个星期甚至几个月都在熟睡！

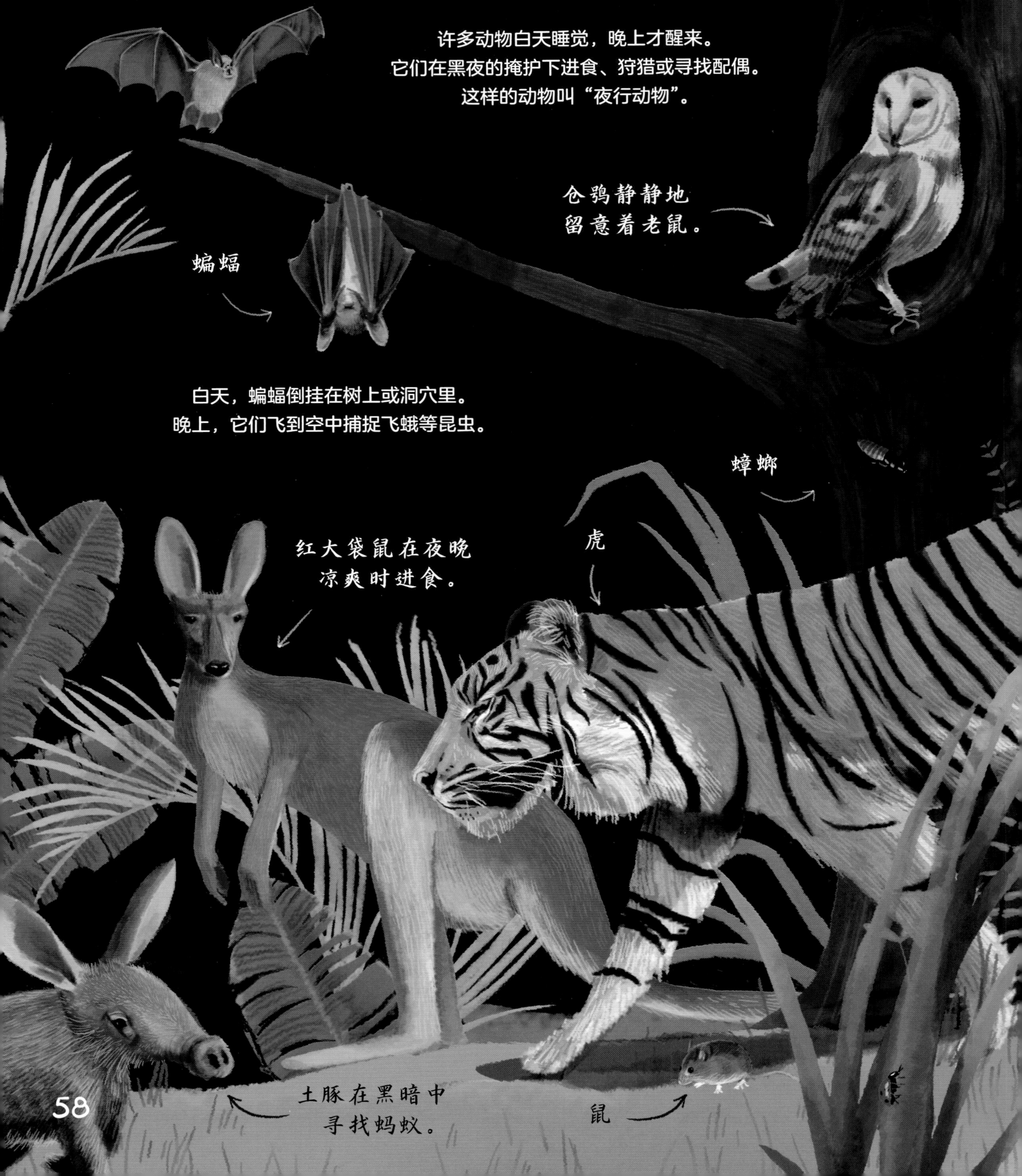

许多动物白天睡觉，晚上才醒来。
它们在黑夜的掩护下进食、狩猎或寻找配偶。
这样的动物叫“夜行动物”。
仓鸮静静地
留意着老鼠。
蝙蝠
白天，蝙蝠倒挂在树上或洞穴里。
晚上，它们飞到空中捕捉飞蛾等昆虫。
蟑螂
红大袋鼠在夜晚
凉爽时进食。
虎
土豚在黑暗中
寻找蚂蚁。
鼠

亮闪闪的萤火虫用尾部发光。
夏天的夜晚，它们一闪一闪地在
月光下的森林里飞来飞去。
欧亚红松鼠
萤火虫
有些动物能睡上好几个月。
在冬季漫长又严酷的地区，
动物们也在努力生存。
所以它们会爬到舒适的床上睡觉，
等待着春季的来临。
这个冬季长觉叫“冬眠”。
熊和熊仔
一些熊、乌龟和兔子
进入熟睡中，
直至来年春天。
乌龟
兔子会在日出和日落时
钻出洞穴。

词汇表

两栖动物
一类皮肤光滑、湿润，可同时在陆地上和水中生活的动物。

虫子
一类生活在陆地上的小型无脊椎动物，如蛞蝓和苍蝇。

伪装
一些动物将自己与栖息环境融为一体的方法。

落叶树
秋天树叶会脱落的树木。

卵
如鸟类等雌性动物产下的，里面孕育有幼小动物的物体。

常绿树
一年四季都保持有绿叶的树木。

冬眠
延续整个冬季的睡眠方式。

昆虫
一类小型无脊椎动物，通常有六条腿，身体分为三部分。有的长有翅膀。

幼虫
完全变态发育的昆虫幼体。

哺乳动物
一类从母体产出幼体，并靠乳汁喂养幼体的动物。

交配
雌雄个体相遇后产生后代的行为。

蜕皮
虫子为了长大蜕去老的外皮。

大自然

所有非人类制造的事物，包括植物、动物和景观等。

花蜜

花朵产生的一种含糖液体。

夜行动物

白天睡觉、晚上行动的动物。

花粉

花朵产生的一种粉末状的植物生殖细胞。

捕食者

捕食其他动物的动物。

被捕食者

被其他动物捕食的动物。

根

植物生长在土壤里的部分，为植物吸收水分。

爬行动物

蜥蜴、鳄和蛇都是爬行动物。它们有带鳞片的皮肤。

种子

能够长成新植株的植物器官。

毒液

动物产生的一种有毒物质。一些昆虫和蛇把它注入猎物体内。

寻找瓢虫

世界各地都有瓢虫，除了极寒的北极和南极。所以你在第40-41页南极的场景里找不到瓢虫。

图书在版编目（C I P）数据

自然第一课：看见生命 /（英）卡米拉·德·拉·贝杜瓦耶著；（英）简·纽兰绘；王蒙，冉浩译. -- 杭州：浙江教育出版社，2020.8
ISBN 978-7-5722-0388-6

Ⅰ. ①自… Ⅱ. ①卡… ②简… ③王… ④冉… Ⅲ. ①动物－儿童读物②植物－儿童读物 Ⅳ. ①Q95-49 ②Q94-49

中国版本图书馆CIP数据核字(2020)第105351号

My First Book of Nature
First published in the UK in 2018 by Templar Books,
an imprint of Bonnier Books UK,
The Plaza, 535 King's Road, London, SW10 0SZ
www.templarco.co.uk
www.bonnierbooks.co.uk

Written by Camilla De La Bedoyere

Consulted by Sean Callery
Edited by Carly Blake
Designed by Olivia Cook

自然第一课：看见生命
ZIRAN DI-YI KE: KANJIAN SHENGMING
〔英〕卡米拉·德·拉·贝杜瓦耶 著
〔英〕简·纽兰 绘
王蒙 冉浩 译

选题策划	联合天际
特约编辑	谭振健　徐耀华
责任编辑	赵清刚
封面设计	徐　婕
美术编辑	浦江悦
责任校对	马立改
责任印务	时小娟

出　版	浙江教育出版社 杭州市天目山路 40 号 邮编：310013 电话：（0571）85170300-80928 网址：www.zjeph.com
发　行	未读（天津）文化传媒有限公司
印　刷	雅迪云印（天津）科技有限公司
字　数	180 千字
开　本	710 毫米 × 1000 毫米 1/8
印　张	9
版　次	2020 年 8 月第 1 版　2020 年 8 月第 1 次印刷
I S B N	978-7-5722-0388-6
定　价	88.00 元

未小读
UnRead Kids
和世界一起长大

未读CLUB
会员服务平台

本书若有质量问题，请与本公司图书销售中心联系调换，电话：(010) 52435752。

植物记录卡

在你四周的森林和草地，甚至在你的花园里，
生长着许多神奇的植物，等着你去发现。
用可擦笔记录你看到的植物，并在卡片的背面把它画下来。

我今天观察的植物！

日期和时间？……………………

天气如何？……………………

发现植物的地点是哪儿？……………………

它是什么种类的植物？……………………

高度是多少？……………………

描述一下植物的外形：……………………

……………………

……………………

……………………

你用的是可擦笔吗？
在这里试一试。

虫子记录卡

在你四周的森林和草地，甚至在你的花园里，
生活着许多神奇的虫子，等着你去发现。
用可擦笔记录你看到的虫子，并在卡片的背面把它画下来。

我今天观察的虫子！

日期和时间？……………………

天气如何？……………………

发现虫子的地点是哪儿？……………………

它有多大？……………………

它正在干什么？……………………

描述一下虫子的外形：……………………

……………………

……………………

……………………

你用的是可擦笔吗？
在这里试一试。

画一张虫子的图片

它的身体是什么形状的？

它有翅膀吗？

它有几条腿？

它有斑点或条纹吗？

它能伪装成别的东西吗？

它的眼睛有多大？

注意！

外出探险时，请注意要随时有大人陪在身边。

请大人给你的卡片拍张照片，
保存你的观察记录。
然后把卡片擦干净，
继续画其他虫子吧！

画一张植物的图片

它的叶子是什么形状的？

你看到芽了吗？

它的茎秆是光滑的还是粗糙的？

它开花了吗？

你看到花粉了吗？

它结果实了吗？

请大人给你的卡片拍张照片，
保存你的观察记录。
然后把卡片擦干净，
继续画其他植物吧！

注意！

外出探险时，请注意要随时有大人陪在身边。

鸟类记录卡

在你四周的森林和草地，甚至在你的花园里，生活着许多神奇的鸟类，等着你去发现。用可擦笔记录你看到的鸟类，并在卡片的背面把它画下来。

我今天观察的鸟！

日期和时间？……………………

天气如何？……………………

发现鸟儿的地点是哪儿？……………………

它有多大？……………………

它正在干什么？……………………

描述一下鸟儿的外形：……………………

……………………

……………………

……………………

你用的是可擦笔吗？在这里试一试。

动物记录卡

在你四周的森林和草地，甚至在你的花园里，生活着许多神奇的动物，等着你去发现。用可擦笔记录你看到的动物，并在卡片的背面把它画下来。

我今天观察的动物！

日期和时间？……………………

天气如何？……………………

发现动物的地点是哪儿？……………………

它有多大？……………………

它是什么种类的动物？……………………

描述一下动物的外形：……………………

……………………

……………………

……………………

你用的是可擦笔吗？在这里试一试。

画一张动物的图片

它有几条腿？

它的身上长有毛吗？

它有尾巴吗？

它的身体是什么形状的？

它有牙吗？

它全身只有一种颜色吗？

注意！

外出探险时，请注意要随时有大人陪在身边。

请大人给你的卡片拍张照片，
保存你的观察记录。
然后把卡片擦干净，
继续画其他动物吧！

画一张鸟儿的图片

它的嘴巴是什么形状的？

它有几个脚趾？

它的尾巴是什么形状的？

它的羽毛是什么颜色的？

它的腿有多长？

它的眼睛是什么颜色的？

请大人给你的卡片拍张照片，
保存你的观察记录。
然后把卡片擦干净，
继续画其他鸟儿吧！

注意！

外出探险时，请注意要随时有大人陪在身边。